잠 못들 정도로 재미있는 이야기

우주

와타나베 준이치 감수 | **이강환** 감역 | **김정아** 옮김

BM (주)도서출판 성안당

잠 못들 정도로 재미있는 이야기
우주

머리말

관측 기술이 발달하여 천문학·우주 물리학·행성 과학은 눈부신 발전을 이루었고 불과 얼마 전까지는 생각도 못했던 우주의 신비가 밝혀지고 있다. 새로운 사실이 속속 드러나면서 이를 보도하는 언론 기사도 늘어나고 있다. 또한 일식이나 월식, 유성군 같은 천문 현상도 자주 거론되고 우주비행사의 활약상도 더욱 활발해지고 있다.

최근에는 슈퍼문과 같은 새로운 단어도 꽤 유행하고 있다. 우주 관련 뉴스를 접하면 흥미는 가지만 일부러 책을 사서 읽자니 왠지 어려울 것 같아 망설인다. 막상 서점에서 우주를 다루는 진열대에 꽂혀 있는 책을 보면 하나같이 두꺼운데다 내용도 어려울 것 같아 손에 집어든 책을 도로 돌려놓게 된다.

이 책은 바로 그런 사람들이 꼭 읽었으면 하는 바람에서 기획한 것이다. 최신 천문학·우주 과학의 현상을 토대로 자잘한 내용은 과감하게 덜어내고 흥미진진한 테마로 압축했으며 풍부한 일러스트를 구사하여 우주의 모습을 독자 여러분에게 전달하고자 했다.

우리가 사는 지구의 탄생에서부터 이웃 천체인 달의 수수께끼, 우리에게 많은 혜택을 주는 태양 그리고 지구의 동료들인 행성의 실체, 별자리(星座)를 만들고 있는 항성과 은하수(은하계) 그리고 우주론에 이르기까지 약 50가지 화제를 통해서 천문학의 거의 전 분야를 망라했다.

이 책을 통해 우주를 이해하고 한 발 더 나아가 일진월보하는 천문학의 재미와 매력에 대해 알았으면 하는 바람이다. 그리고 여전히 수수께끼로 가득 찬 우주와 친숙해질 수 있다면 더할 나위 없겠다.

2018년 3월

국립천문대 부대장 와타나베 준이치(渡部 潤一)

우리의 태양계

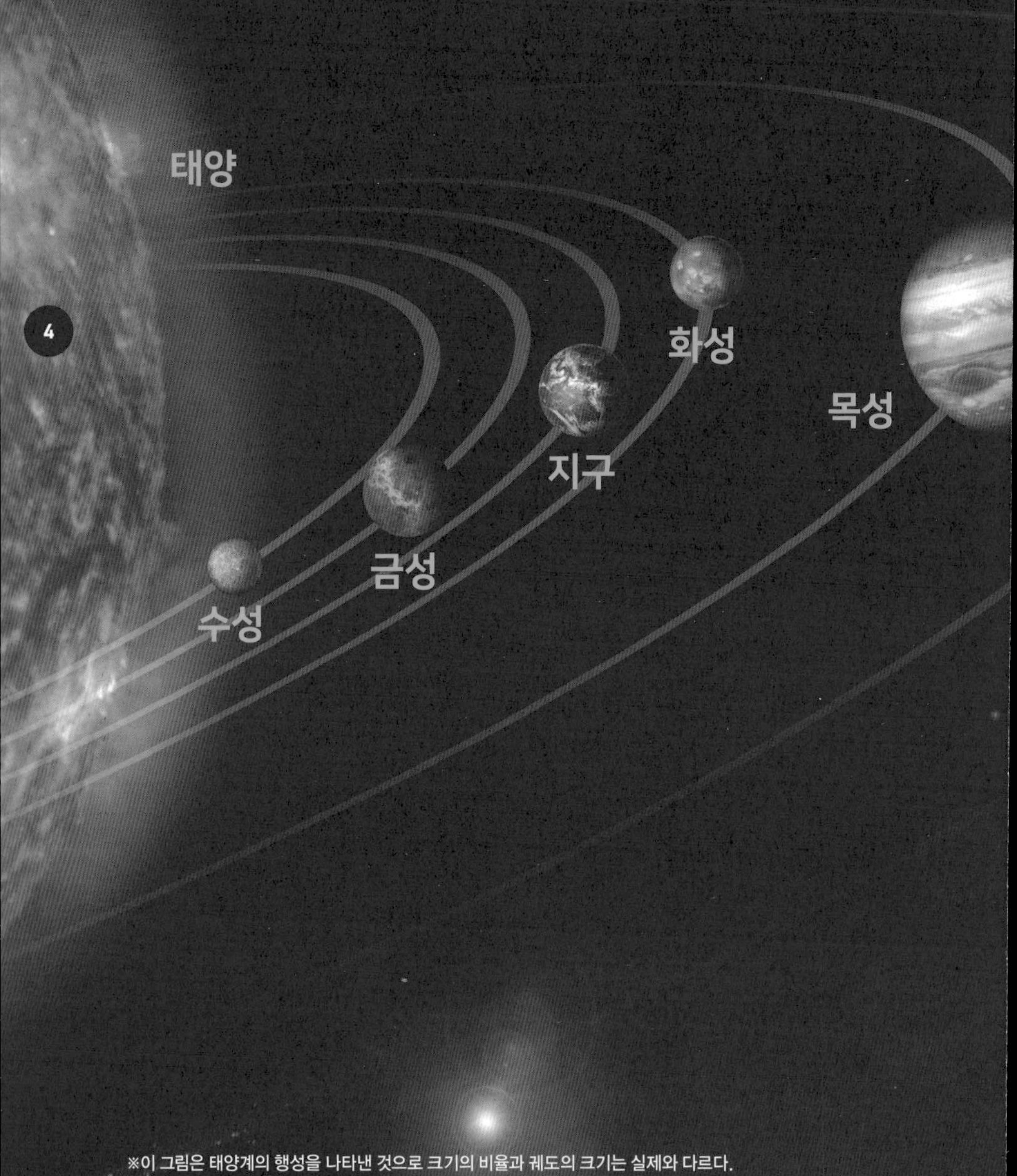

태양

화성

목성

지구

금성

수성

※이 그림은 태양계의 행성을 나타낸 것으로 크기의 비율과 궤도의 크기는 실제와 다르다.

해왕성

천왕성

토성

지구를 포함하는 8개의 행성은 태양 주위를 돌며 많은 위성과 준행성, 소행성, 혜성, 행성 간 물질 등의 천체와 함께 태양계라는 그룹을 이루고 있다.
우리들 인류에게 수명이 있듯이 태양도 성장하고 쇠퇴하고 그리고 죽음을 맞이한다. 몇십억 년 후에는 이 태양계의 모습이 지금과는 분명 다른 형태일 것이다.

NASA/JPL

우주의 탄생에서 현재까지

감역 주

우주론 표준 모형에서는 빅뱅 이후 인플레이션을 통해 우주가 생성된 것으로 설명하고 있다. 본서에서 제시한 인플레이션-빅뱅 모형은 동경대 사토 가쓰히코(佐藤勝彦) 등의 견해로, 기존의 우주론 표준 모형과는 차이가 있다는 점을 밝힌다.

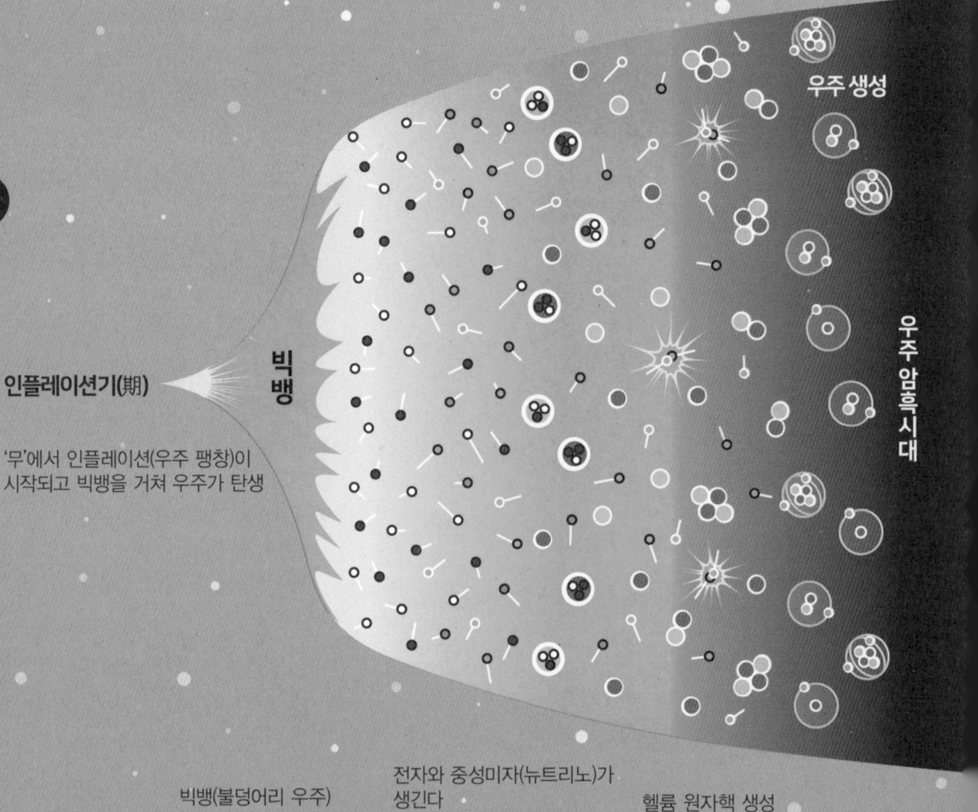

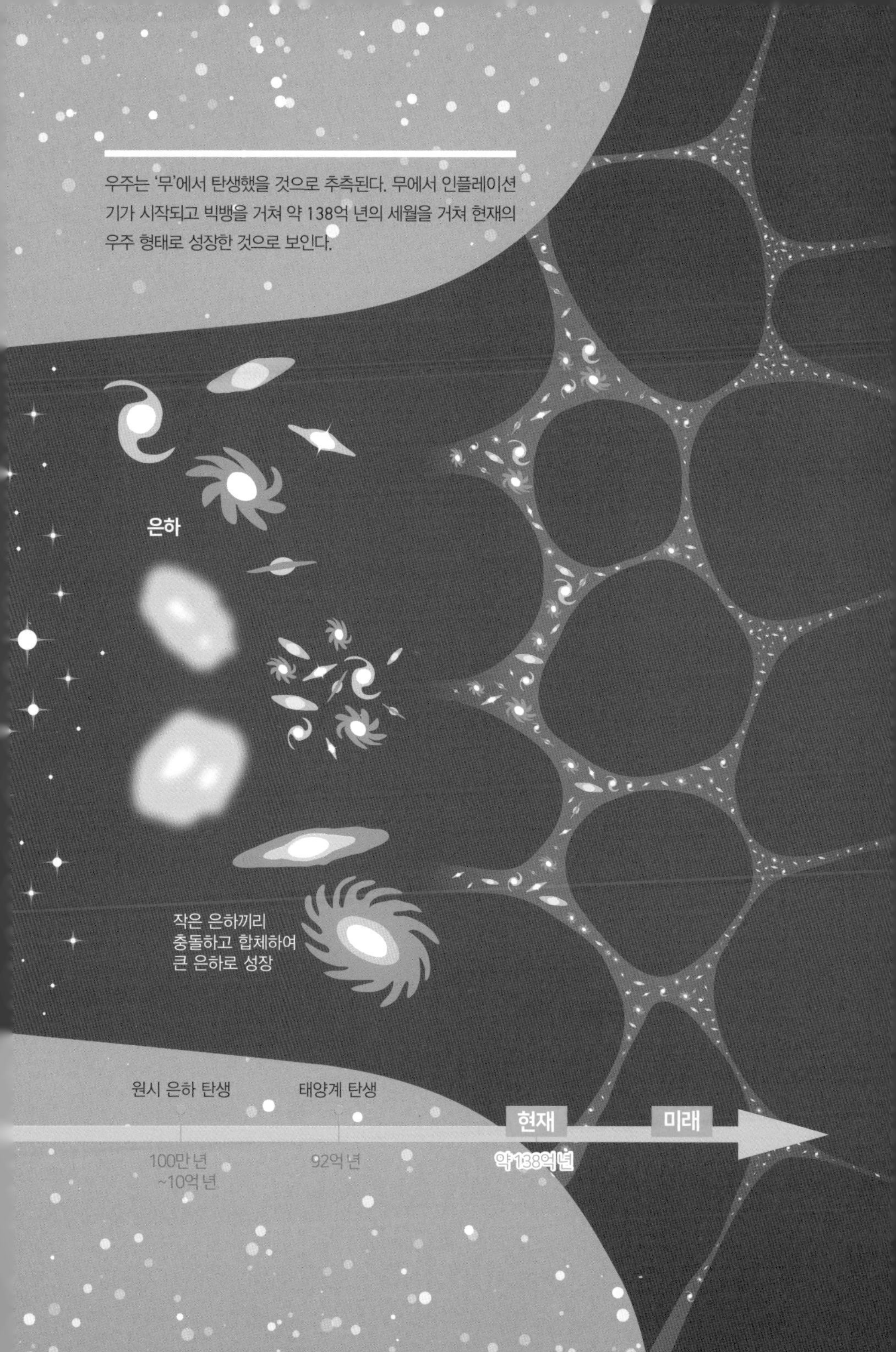

우주는 '무'에서 탄생했을 것으로 추측된다. 무에서 인플레이션기가 시작되고 빅뱅을 거쳐 약 138억 년의 세월을 거쳐 현재의 우주 형태로 성장한 것으로 보인다.

차례 CONTENTS

잠 못들 정도로 재미있는 이야기 **우주**

제1장

지구의 탄생과 미래 13

최신 우주 토픽

제2장

이웃하는 천체와 달의 수수께끼 33

최신 우주 토픽

제3장

은혜로운 엄마_태양이라는 별 57

최신 우주 토픽

제4장

지구의 동료_태양계 행성의 민낯 75

제5장

성좌의 신비로움_항성과 은하 95

최신 우주 토픽

제 1 장

지구의 탄생과 미래

01 지구는 우주의 어디에 있을까?

전 우주에는 1,000억 개 이상의 은하가 있다고 하며 우리 은하는 그중 하나이다

우리들이 사는 지구는 태양 주위를 돌고 있다. 태양은 지구를 포함한 8개의 행성과 많은 위성 등으로 태양계라는 그룹을 만들고 있다. 그리고 그 태양계는 우리 은하(은하계)라고 불리는 은하 속에 있으며 중심으로부터 대략 2만 8,000광년 떨어진 거리에 있다.

우리는 지구가 우주의 중심이 아닐까 생각하지만 우주에는 중심도 끝도 없다. 전 우주에는 1,000억 개 이상의 은하가 있다고 하며 우리 은하는 그중 하나이다. 그리고 태양계는 우리 은하의 변두리에 위치한다. 우리 은하는 약 2,000억 개의 항성과 성간가스라는 물질로 구성되어 있다. 밀짚모자를 두 개 붙인 듯한 형태를 하고 있는데, 한가운데 부풀어 오른 부분은 벌지(bulge)라고 해서 별과 가스 등의 물질로 만들어져 있고 그 안에 거대한 블랙홀이 있을 것으로 생각된다.

그리고 모자의 챙에 해당하는 부분이 디스크이다. 우리 은하의 디스크는 소용돌이상이며 벌지가 막대 모양이므로 막대나선 은하(barred spiral galaxy)로 분류된다. 은하 전체를 감싸고 있는 광대하고 얇은 구상 부분을 헤일로라고 하며 여기에는 구상 성단(星團)이 분포하고 있다. 그리고 후광을 감싸고 있는 것이 암흑 물질(dark matter, 우주 곳곳에 있는 보이지 않는 물질)이라고 생각된다.

우리 은하의 직경은 대략 10만 광년, 벌지의 두께는 대략 1만 광년, 디스크의 두께는 대략 1,000광년으로 알려져 있다.

우리 은하

옆에서 본 우리 은하

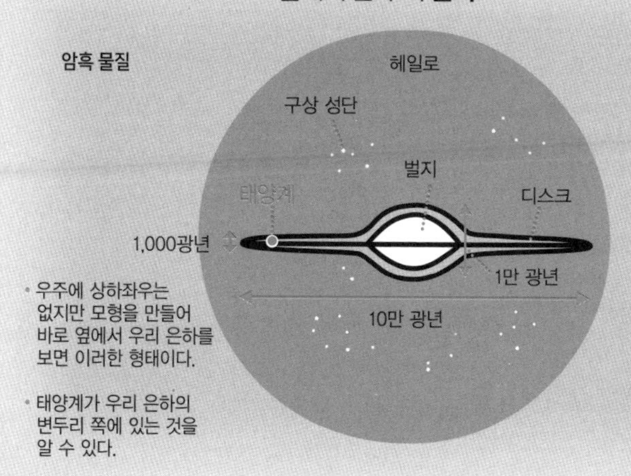

- 우주에 상하좌우는 없지만 모형을 만들어 바로 옆에서 우리 은하를 보면 이러한 형태이다.
- 태양계가 우리 은하의 변두리 쪽에 있는 것을 알 수 있다.

위에서 본 우리 은하

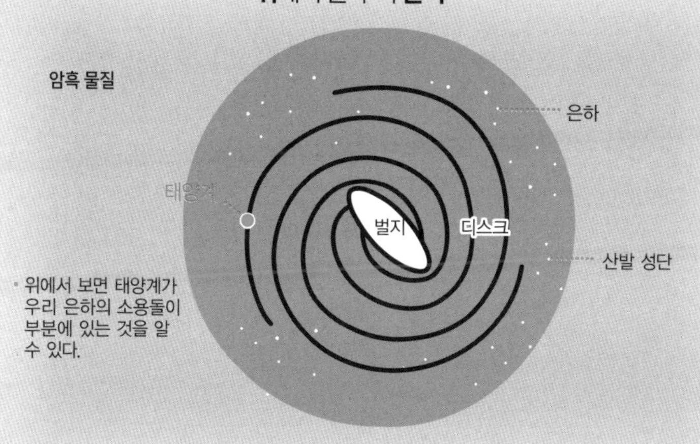

- 위에서 보면 태양계가 우리 은하의 소용돌이 부분에 있는 것을 알 수 있다.

용어 해설

- **은하** 항성과 행성, 가스상 물질과 먼지, 암흑 물질 등이 중력으로 묶여 있는 거대한 천체를 말한다. 형태에 따라 타원 은하, 렌즈상 은하, 소용돌이 은하, 막대나선 은하, 불규칙 은하로 분류된다.
- **광년** 약 9.5조 킬로미터
- **암흑 물질** 질량을 갖고 주위에 중력을 가하면서 현재까지 어느 파장의 전자기파로도 관측되지 않는 물질을 총칭하는 말이다.

02 지구는 미행성의 충돌로 생겼나?

지구 생성 이야기는 대략 46억 년 전 젊은 원시 태양의 주위에 가스와 먼지로 구성된 원시 행성계 원반이 확산되고, 그 과정에서 미행성끼리 충돌 · 합체하는 것에서 시작된다.

미행성이 충돌 · 합체해서 커지면 중력이 강해져서 보다 빠른 미행성을 끌어당겨 원시 지구가 탄생했다. 이때 지구가 화성과 금성보다 크게 성장할 수 있었던 것이 이후 지구의 환경을 결정하는 큰 결정적 요인이 됐을 것으로 생각한다. 가령, 화성의 질량은 지구의 10퍼센트 정도에 불과하다. 따라서 중력이 약하고 대기가 우주 공간으로 달아나 버려 평균 기온은 마이너스 40도밖에 되지 않는다.

다시 말해 우리들 생명체가 존재할 수 있느냐 그렇지 못하느냐는 행성의 크기가 매우 중요한 역할을 한다.

점점 빠르게 성장한 원시 지구의 표면은 끈적끈적 녹아 마그마 바다라 불리는 상태가 됐다. 그리고 마그마 바다의 열이 다시 심부의 암석을 녹임으로써 무거운 철은 중심으로 모여서 핵이 되고 가벼운 암석 성분은 핵의 바깥쪽으로 이동해서 맨틀이 됐을 것으로 생각한다.

이 핵과 맨틀 등 지구 내부 구조가 완성됨에 따라 이후 맨틀 대류와 지구를 뒤덮은 자기장이 형성된다. 또한 미행성에 함유되어 있던 물과 탄소는 마그마의 열에 의해서 증발하여 대기층을 형성해서 지표를 덮었다.

그 후 행성의 충돌이 줄어들고 지표가 식자 큰비가 내리쏟아 바다가 완성된 것이다.

지구의 성장 과정

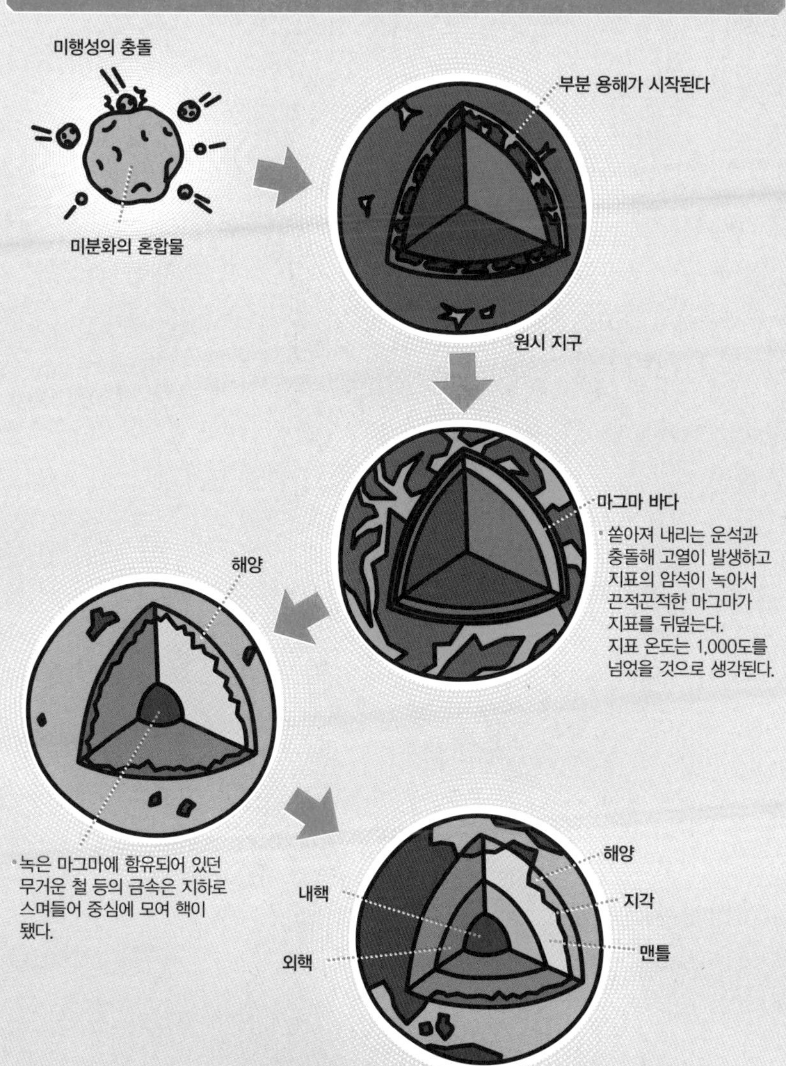

미행성의 충돌에서 원시 지구의 형태가 거의 완성되기까지 최단 100만 년, 최장 1억 년이 걸렸을 것으로 생각된다. 여기에서 서서히 커져 지구의 형태가 됐다.

용어 해설

- **미행성** 행성계 형성 초기에 존재하는 직경 10킬로미터 정도의 미소 천체

03 거대한 충돌이 지구의 운명을 결정했다고?

약 45억 년 전 원시 지구에 말도 안 되는 사건이 일어났다. 그때까지 미행성끼리 충돌하고 합체하는 일은 일상다반사로 일어났지만 이와는 비교가 되지 않을 정도의 거대한 천체(원시 행성)가 원시 지구를 스쳐 가면서 충돌한 것이다.

이 천체의 크기는 지금의 화성 정도로 컸다. 이 대사건을 충돌설이라고 부른다. 이로 인해 이 천체의 파편과 날아간 원시 지구의 일부가 지구를 돌면서 집적해서 달이 탄생했다는 설(충돌설)이 있다. 이와 관련해서는 제2장에서 자세하게 설명한다.

거대한 충돌에 의해서 원시 지구의 수증기 대부분이 우주 공간으로 날아가 흩어지고 지표의 물은 다 말라버렸다. 그러면 현재의 지구에 존재하는 물은 어디에서 생긴 걸까?

그것은 이후에 충돌한 수많은 운석에 포함되어 있던 물이 토대가 됐을 것으로 생각된다. 만약 이 거대한 충돌이 없었다면 원시 지구는 물을 잃지 않았고 또한 후에 계속해서 부딪혀 오는 운석에 의해서 물이 유입되어 지구 전체가 완전히 수몰됐을지도 모른다.

달이 탄생함에 따라 달과 지구의 중력 작용에 의해서 지구 자전축의 기울기가 진정되자 기후는 안정적으로 자리 잡았다.

달이 없는 지구는 어땠을까? 1일 8시간 맹속도로 회전하면서 격한 기류가 일어나고 무시무시한 해류가 부딪히는 세계였을 것으로 생각된다.

충돌설

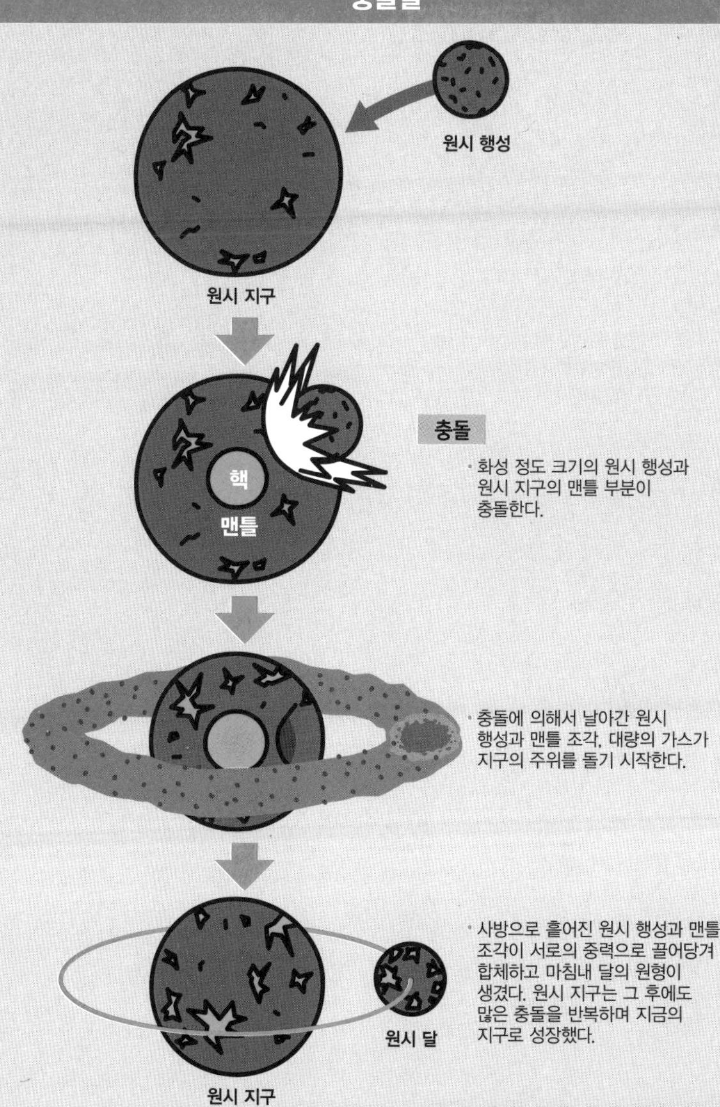

1975년 애리조나 대학 행성과학연구소의 돈 데이비스와 윌리엄 하트만(William Hartmann)이 주장한 충돌설. 이런 과정을 통해 지구와 달의 관계는 성립됐을 것으로 생각한다.

04 지구에 생명이 서식할 수 있는 환경이란?

16쪽에서 지구의 내부에 핵과 맨틀이 형성되고 표면이 바다와 대기, 지구 자기장으로 뒤덮이게 됐다고 설명했다.

38억 년 전까지 원시 지구를 무대로 완성된 일련의 환경이야말로 지구가 생명을 품을 수 있도록 장비된 시스템이라고 할 수 있다.

끈적끈적하게 녹은 철이 지구의 중심부에 모여 핵을 이루고, 그 핵이 유동하면서 전류가 생기고 지구 자기장이 생긴다. 이것이 생물에 유해한 태양풍 등을 막아준다.

덧붙이면 현재의 지구는 고체인 철로 이루어진 내핵과 녹은 철로 이루어진 외핵으로 나뉘어 있고 외핵의 철이 유동함으로써 지구 자기장이 유지되고 있다.

요즘의 대기에는 이산화탄소 등의 온실효과가스가 대량으로 함유되어 있기 때문에 지구 표면의 물은 얼지 않고 액체 상태로 존재할 수 있다. 사실 생명이 서식하기 위한 절대 조건은 액체인 물의 존재이다.

바다는 태양의 열로 데워진 적도 부근에서 데워지기 어려운 극 지방으로 열을 날라 지구 전역을 골고루 데우는 역할을 했다.

맨틀은 핵의 열에 의해서 목욕탕의 뜨거운 물처럼 천천히 끓어올랐다 가라앉는 맨틀 대류를 반복했다. 이 과정에서 열수 분출구(25쪽 참조) 등에 의해서 생명의 에너지원이 되는 물질이 만들어졌다. 또한 맨틀 대류에 의해서 육지도 차츰 형태를 갖추게 된다.

이들 요소가 다양하게 얽혀서 지구가 생명의 요람이 된 건 아닐까?

지구의 맨틀 대류

태고의 맨틀 대류

• 태고의 지구 맨틀 층은 고온의 핵의 열로 목욕탕 물과 같이 천천히 끓어올라 가라앉는 대류를 일으켰을 것으로 생각된다.

소대륙
지각
핵
해양
맨틀

현재의 맨틀 대류

• 현재 지구의 내부는 내핵과 외핵 그리고 맨틀 층으로 나뉘며 맨틀 층에서는 핫 플룸과 콜드 플룸이 대류 운동을 일으키고 있다.

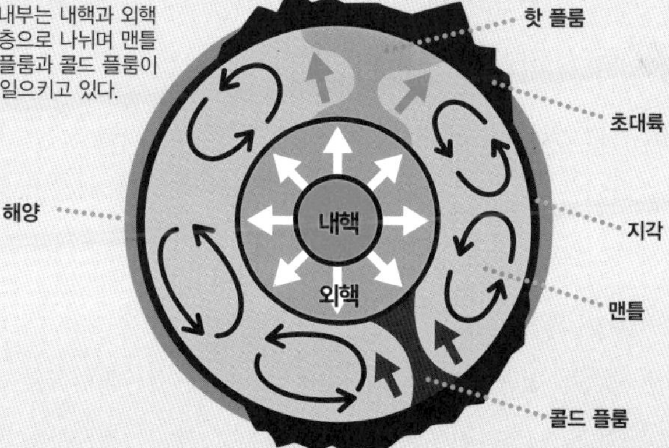

용어 해설
- **지구 자기장** 지구 주위에 만들어지는 자기장으로 거대한 자석이 만드는 자기장과 매우 유사하다.
- **핫 플룸(hot plume)** 지하 맨틀 내부에서 솟아나는 뜨거운 용암
- **콜드 플룸(cold plume)** 솟아오른 용암의 플레이트가 다시 해구(海溝)로 사라진 플레이트

05 지구는 어떻게 생명의 행성이 됐을까?

현 시점에서는 우리들 인류가 아는 한 지구는 전 우주 속에서 생명이 살고 있는 단 하나의 천체이다. 여기서 말하는 생명이란 지능을 가진 고등생물뿐 아니라 세균과 같은 미생물도 포함한다. 생명이 사는 행성이 될 수 있는 가장 중요한 조건은 액체 상태의 물의 존재이다.

생명이 목숨을 유지하기 위해서는 여러 가지 화학반응이 필요하다. 액체인 물은 수소 결합이라 불리는 특징적인 성질을 갖고 있다. 수소 결합에는 분자끼리 완만하게 결합하는 작용이 있어 생명 활동을 유지하는 데 필요한 화학반응이 일어나는 장(場) 역할을 한다.

태양계의 행성만 봐도 표면이 풍부한 물로 덮여 있는 것은 지구뿐이며, 지구가 물의 행성이라 불리는 이유이기도 하다.

물은 1기압에서는 0도에서 100도 사이에서만 액체로서 존재할 수 있다. 그 점에서 지구는 태양과 딱 좋은 공전 궤도 반경이기 때문에 이 범위의 온도 조건을 갖출 수 있는 것이다.

지구보다 조금 태양에 가까운 금성은 태양에 너무 가까워서 표면 온도가 고온인 탓에 액체인 물은 존재하지 못하며 지구의 바깥쪽을 공전하고 있는 화성은 표면의 물이 얼어 붙는다.

이처럼 행성의 표면에 액체인 물이 존재할 수 있는 영역을 서식 가능 지역이라고 부른다.

태양계에서의 거리를 나타낼 때 지구와 태양의 거리(약 1억 5,000만 킬로미터)를 1천문단위(1au)라고 하는데 태양계의 서식 가능 지역은 대략 0.7au(금성의 공전 궤도)와 1.5au(화성의 공전 궤도) 사이에 있다고들 한다.

태양계의 서식 가능 지역

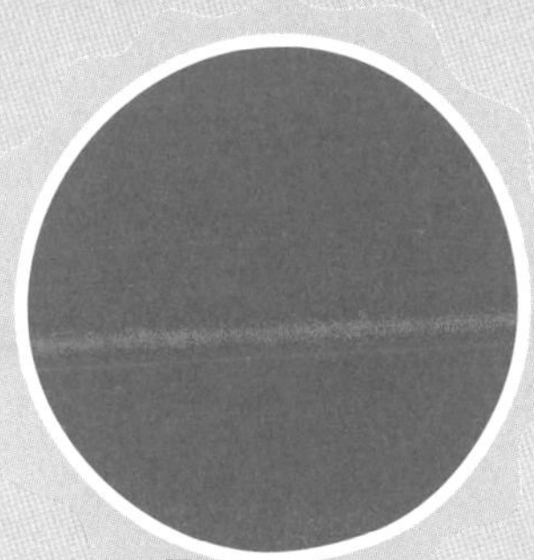

- 태양에 너무 가깝기 때문에 물은 증발

서식 가능 지역

- 물이 액체 상태로 존재할 수 있다.

- 태양에서 너무 멀어 물이 있어도 얼어 버린다.

06 지구 생물의 공통 선조는 어디에 있었을까?

생물의 공통 선조는 해저의 열수 분출구에 살았다

대략 35억 년 전 어두운 해저에는 검은색으로 탁해진 열수를 분출하는 장소가 무수히 많았다. 이것이 해저에 스며든 물이 마그마의 열에 의해서 뜨거워져 300도 이상의 열수가 되어 분출한다. 바로 열수 분출구라 불리는 것이다. 열수 분출구에서 분출되는 열수는 황화수소를 비롯한 화학반응을 일으키는 물질과 메탄이나 이산화탄소 등을 지하에서 나른다. 이들은 생물이 에너지원으로서 이용할 수 있는 물질이기도 하다. 또한 현재의 생물 유전자 연구에 따르면 지구 생물의 공통 선조에 가깝다고 생각되는 미생물만큼 열수 환경을 좋아하는 것이 많아 보이며 열탕에서도 아무렇지 않게 살아가는 미생물도 있다.

이러한 점에서 초기 지구에는 생물의 먹이가 되는 물질이 공급되는 열수 분출구의 열수 속에서 생물의 공통 선조가 살았다는 설이 설득력을 얻고 있다. 그렇다고 해도 300도가 넘는 열수 환경에서는 온도가 너무 높아서 DNA와 단백질 등의 복잡한 유기물은 생기지 않는다. 그러나 열수 분출구 주위에는 온도가 낮은 온수가 나오는 구멍도 많이 있다고 한다. 그래서 복잡한 유기물을 만드는 다양한 화학반응이 일어났을 가능성이 있다.

최초의 생명이 언제쯤 어디서 어떻게 탄생했는지는 여전히 알 수 없는 것투성이다. 단순한 화합물에서 갑자기 복잡한 구조를 가진 세포가 생기는 일 따위는 상상을 뛰어넘는 일이다. 그런데 확실하게 지구 어딘가에서 최초의 생명은 태어났고 그래서 우리들이 존재하고 있다. 최초의 생명을 둘러싼 수수께끼가 조금이나마 해명되기를 기대한다.

열수 분출구 구조

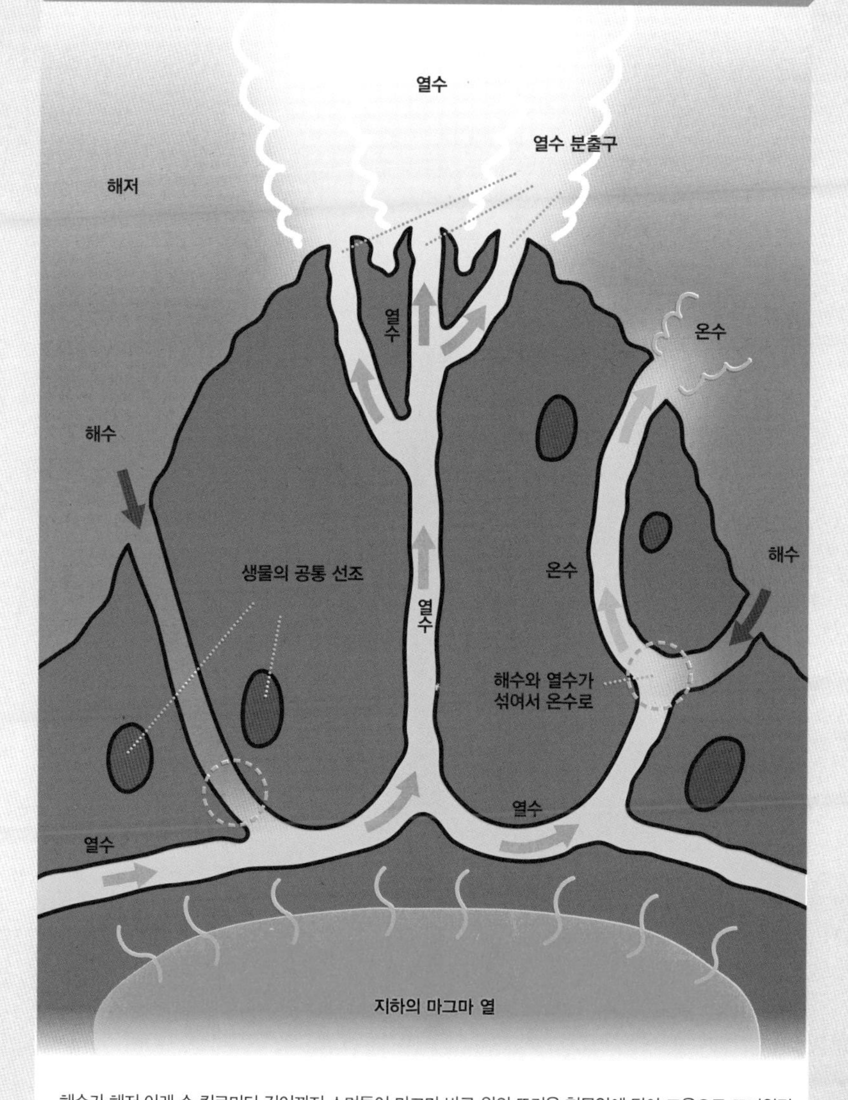

해수가 해저 아래 수 킬로미터 깊이까지 스며들어 마그마 바로 위의 뜨거운 현무암에 닿아 고온으로 뜨거워진다. 이때 열수와 현무암 사이에서 다양한 화학반응이 일어나고 수소 이온과 황화수소 이온, 메탄, 이산화탄소, 금속 이온이 생겨난다. 이들의 물질을 함유한 열수가 상승하여 해저의 열수 분출구를 통해 바다로 분출한다.

07 지구 전체가 얼음으로 뒤덮였다는 건 사실일까?

이산화탄소가 지구 동결에 결정적 역할을 했다

지금으로부터 22억 2,000만 년 전 그리고 7억 년 전과 6억 5,000만 년 전, 지구 전체가 두께 1,000미터의 얼음으로 뒤덮이는 극심한 빙하기가 있었다는 설이 유력하다. 이것이 눈덩이 지구(snowball earth) 이론이다. 지구가 꽁꽁 얼어붙은 계기로 꼽을 수 있는 것이 대기 중 이산화탄소의 감소이다. 초대륙이 분열하면 새로운 바다가 생겨나고 바다는 육지를 침식해서 점차 해양을 늘려간다. 바다의 수분은 비를 만들고 이산화탄소를 흡수한다. 이산화탄소가 녹은 산성비에 의해서 암석의 칼슘이 녹아 마침내 탄산칼슘이 되어 바다에 퇴적한다.

이런 과정으로 대기 중 이산화탄소가 감소하는데, 지구를 데우는 온실효과가스이기도 한 이산화탄소가 급격하게 감소함으로써 갑작스러운 한랭화를 초래한 것으로 여겨진다.

빙상(氷床)이 극지방부터 확산되기 시작하자 얼음의 하얀 색은 바다의 어두운 색에 비해 보다 많은 태양 에너지를 반사하게 된다. 이렇게 해서 기온이 내려가고 지구 전체가 얼어붙는 폭주 냉각으로 이어졌다.

그러면 동결한 지구는 어떻게 해서 다시 따뜻해졌을까? 표면이 완전하게 얼어붙은 지구라도 내부에는 결코 식지 않는 액체 금속의 핵이 있다. 이 지열이 바다를 조금씩 데워 얼음을 성장하지 못하게 한다. 또한 화산이 얼음 속에서 머리를 내밀어 활동을 이어가며 미생물의 목숨을 지키고 다시 지구를 데우기 위한 이산화탄소를 계속 내뿜었을 것으로 생각된다.

눈덩이 지구 이론이란

1 이산화탄소의 감소로 온실효과 기능이 약해졌다

대기는 이산화탄소와 메탄, 구름이 지표의 열을 바깥으로 달아나지 못하도록 온실효과 기능을 하고 있다. 그러나 어떤 이유에서 이산화탄소가 줄어들어 온실효과 기능이 약해졌다.

2 북극과 남극부터 차츰 얼어붙었다

지구는 북극과 남극부터 서서히 얼어붙어 가장 따뜻한 적도까지 얼음으로 뒤덮이고 육지에서 3,000m, 바다에서 깊이 1,000m까지 얼었을 것으로 추정된다. 한 차례 지구 전체가 얼어버리자 지구는 점점 차가워졌다.

생물은 심해와 해저 화산 속에 살았다

지열로 얼지 않은 심해와 활동을 계속한 해저 화산에서 박테리아 등의 미생물은 살았다.

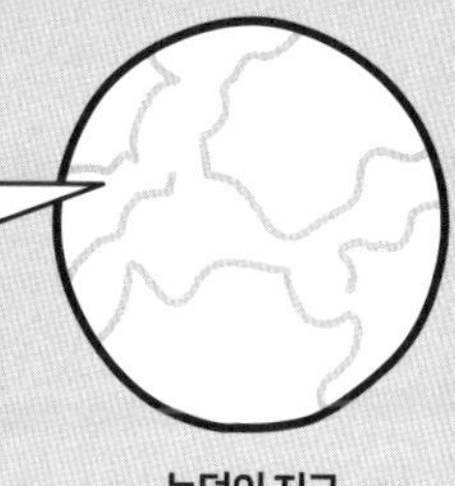

눈덩이 지구
(snowball earth)

3 해저 화산이 이산화탄소를 분출하여 얼음을 녹였다

눈덩이 지구 상태에서도 해저 화산은 이산화탄소를 계속 분출하는 한편 지표의 얼음은 이산화탄소를 흡수할 수 없기 때문에 대기 중 이산화탄소가 늘어나 조금씩 온실효과가 부활했다. 이렇게 해서 서서히 지표의 얼음이 녹았다.

08 지구의 최후는 어떻게 될까?

지구 생물은 25억 년 후에 절멸 위기를 맞는다

마지막으로 지구의 미래에 대해 생각해보자. 지구 운명의 열쇠를 쥐고 있는 것은 태양이다. 태양의 수명을 약 100억 년으로 추정한다고 하면 앞으로 50억 년이면 종말기에 접어든다. 그러면 태양은 적색 거성화되어 부풀어 오른다(70페이지 참조). 그 결과 표면적이 넓어져서 광량과 열량 모두 증가하고 방출되는 에너지도 증대한다.

결과적으로 태양계의 행성은 대기가 벗겨지거나 흩날릴 가능성을 생각할 수 있다. 당연히 지구의 기온도 상승한다. 대기 중 수증기가 증가하는 동시에 이산화탄소가 감소하므로 식물이 줄어들고 동물도 살아갈 수 없다.

25억 년 후면 지구의 기온은 100도 이상에 달해 지구상 모든 생물이 절멸할 것으로 추정된다. 그리고 태양이 현재의 200배까지 팽창하면 지구는 태양에 먹혀버린다. 다만 태양의 내부 구조에 대해서는 여전히 알 수 없는 점이 많기 때문에 현 단계에서는 태양의 향후를 예측하는 것은 어렵다. 사실 지구는 태양에 잠식되지 않는다는 설도 있다.

한편 우리 은하 자체도 언젠가 안드로메다 은하와 충돌, 합체할 것으로 생각된다.

컴퓨터로 시뮬레이션해 보면 두 개의 은하는 약 40억 년 후에 충돌하고 20억 년에 걸쳐서 합체한다. 만약 정면충돌하면 하나의 거대한 타원 은하가 될 것으로 예측된다. 그러나 은하끼리 충돌해도 별과 별 사이는 매우 거리가 떨어져 있기 때문에 별끼리 충돌하는 일은 없을 것으로 보인다.

지구의 최후 예측도

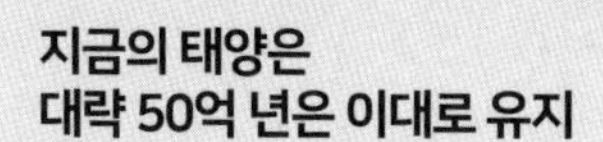

60억 년 후 지금보다 두 배로 밝아진다

지구의 기온이 100℃ 이상으로 상승

태양의 광량과 열량 증가로 지구 기온은 100℃ 이상이 될 것으로 예상된다.

빛·열 등의 방사 에너지도 증대!

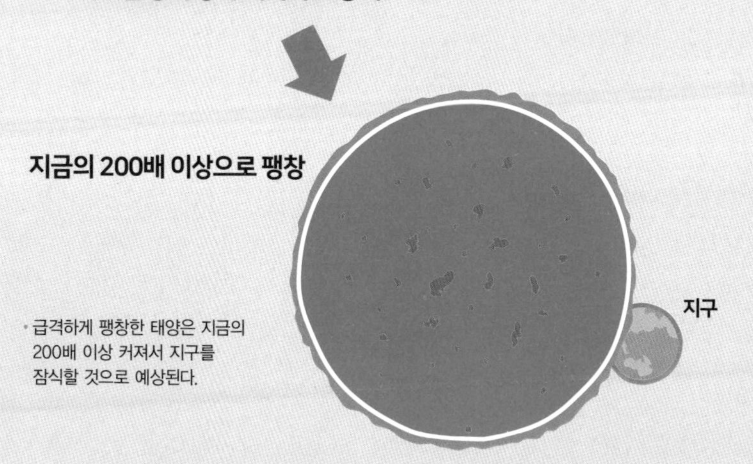

• 급격하게 팽창한 태양은 지금의 200배 이상 커져서 지구를 잠식할 것으로 예상된다.

최신 우주 토픽

약 1억 3,000만 광년 저편에서 도달한 중력파를 캐치!

2017년 10월 중성자별끼리 합체해서 생긴 중력파를 마침내 검출했다고 유럽과 미국의 관측팀이 발표됐다. 태양의 몇 배나 되는 크기의 별이 일평생을 마칠 때 거대한 폭발을 일으키고, 그 후에 생기는 것이 중성자별이다.

중력파라는 것은 중성자별과 같은 무거운 천체가 움직일 때 그 천체의 중력에 의해서 생기는 공간의 변형(뒤틀림)이 파문과 같이 확산되는 현상이다. 중력파 관측이 처음으로 알려진 데 이어 유럽, 미국, 한국, 일본의 천문대 관측에 의해 중력파를 발생한 중성자별이 합체한 흔적을 빛으로 포착할 수 있게 됐다. 이 천체는 1억 3,000만 광년이나 떨어진 거리에 있는 바다뱀자리 은하 NGC4993에 있었다.

중력파와 빛에 의해서 중력파원을 포착한 것은 세계에서 처음 있는, 그야말로 천문학의 새로운 시대를 여는 획기적인 사건이었다. 또한 중성자별이 합체하는 과정에서 철보다 무거운 금과 백금 같은 원소가 대량으로 합성되는 것도 확인됐다. 이것은 우주에서 원소가 합성되는 과정을 해명하는 데도 도움이 된다.

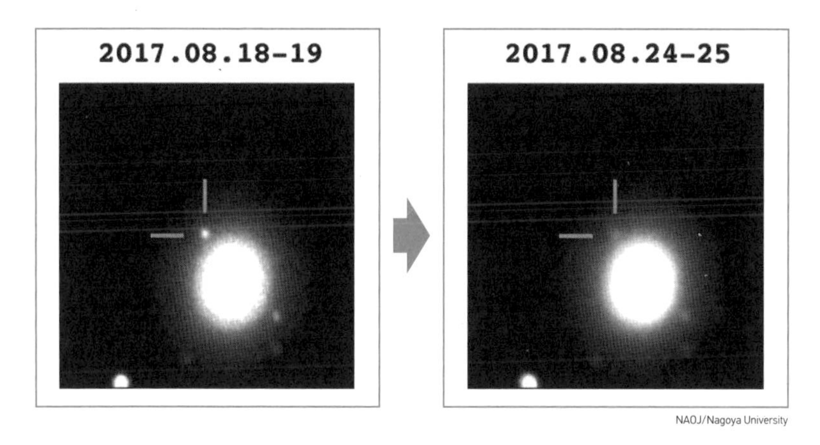

NAOJ/Nagoya University

당시까지만 해도 블랙홀끼리 합체했을 때 생긴 중력파는 4회 검출되었다. 최초에 검출된 것은 2016년의 일이다. 13억 광년 떨어진 곳에 있던 각각 태양의 26배, 36배에 달하는 질량의 블랙홀이 합체하여 태양 3개분의 중력파가 발생했고, 그 중 일부가 지구에 도달한 것이다.

발견에 공헌한 연구자들은 2017년 노벨 물리학상을 수상했다.

일본의 중력파 관측팀이 촬영한 중력파원이 밝아졌다 어두워지는 모습. 위에 왼쪽 사진은 2017년 8월 18일과 19일, 오른쪽 사진은 같은 달 24일과 25일의 모습. 중성자별이 합체할 때는 철보다 무거운 금과 희귀금속 등의 원소를 합성하는 과정인 '*r*-프로세스'가 일어나고 새로이 만들어진 원소의 방사성 붕괴에 의해서 전자기파가 방출되는(킬로노바[1]) 것으로 예측됐다. 이것은 킬로노바로 강한 빛이 생기고 그 후 점점 어두워지는 모습을 포착했다.

1 **킬로노바(Kilonova)** 두 중성자별 또는 중성자별과 블랙홀이 병합할 때 발생하는 짧은 폭발이다.

최신 우주 토픽

태양계에서 가장 가까운 지구형 행성 발견!

남쪽 하늘에 켄타우로스자리 알파성이라 불리는 3개의 항성으로 이루어진 3중연성이 있다. 태양계에서 가장 가까운 항성으로 태양계에서의 거리는 4.24광년. 넓디넓은 우주에서는 지근거리라고 할 수 있다.

2016년 여름 3개의 항성 중 하나인 프록시마 켄타우리의 주위를 도는 행성 프록시마b가 발견됐다. 프록시마 켄타우리라는 것은 켄타우로스자리의 가장 가까운 별이라는 의미의 라틴어이다.

그 행성인 프록시마b 또한 태양계에 가장 가까운 행성이라고 할 수 있다. 이미 1996년에 목성의 10배 정도 크기의 행성이 프록시마 켄타우리에는 존재하지 않을까 여겼으나 그 후 오랫동안 확인되지 않았다.

최근이 되어서야 관측 기술의 발전과 대형 프로젝트를 마련해 대응에 나선 만큼 행성의 존재가 곧 확인될 것으로 기대된다.

프록시마b는 지구 무게의 1.3배 정도이며 프록시마 켄타우리로부터 약 750만 킬로미터 떨어진 지점을 약 11.2일의 주기로 돌고 있다.

프록시마b가 특별히 주목받는 이유는 표면의 온도가 액체 상태의 물이 존재할 수 있는 정도라는 점이다.

다시 말해 지구 외에 생명이 존재할 가능성을 부정할 수 없다.

제 2 장

이웃하는 천체와 달의 수수께끼

09 달과 지구는 형제인가?

달은 행성과 지구의 거대 충돌로 생겼다

달의 직경은 지구의 약 4분의 1이다. 태양계 위성 중에서 행성의 크기에 비해 이 정도로 큰 위성은 달이 유일하다. 목성의 위성은 27분의 1, 화성의 위성은 310분의 1 정도이다. 달이 왜 이렇게 큰지 그 이유는 아직 해명되지 않고 있다. 달의 기원에 대해서는 오랜 세월 논의되어 왔다. 주요 달 기원설에는 다음 3가지가 있다.

- **친자설(분열설)** 탄생 직후에 고속으로 자전하는 지구 적도 부근의 일부가 원심력으로 조각조각 찢겨져 날아갔다.
- **형제설(공성장설)** 미행성에서 원시 지구가 형성될 때 같은 가스와 먼지로 생겼다.
- **타인설(포획설)** 별도로 형성된 미행성이 지구의 인력에 붙잡혔다.

그러나 각 설에는 다음과 같은 이의도 제기된다. 계산상 미행성 표층이 찢어질 정도로 회전속도가 빠르지 않은 것으로 밝혀졌다(친자설), 지구와 달의 내부 구조가 전혀 다르다는 것은 이상하다(형제설), 자신의 대략 81분의 1을 넘는 질량을 가진 천체를 포획하는 일은 어렵다(포획설) 등 세 가설 모두 확실하지 않다. 그래서 등장한 것이 충돌설(18쪽 참조)이다.

이 설을 주장한 것은 돈 데이비스와 윌리엄 하트만으로 1975년의 일이다. 행성과 지구의 충돌로 탄생한 거라면 충돌한 천체의 파편과 원시 지구의 맨틀 층이 튀어 날아가 주성분이 됐을 것으로 생각되며 달에 금속의 핵이 거의 없다는 점도 설명된다. 이 설은 컴퓨터를 이용한 시뮬레이션 결과와도 합치해서 현재 가장 유력시되고 있다.

충돌설 이전에 제창된 3가지 설

친자설(분열설)

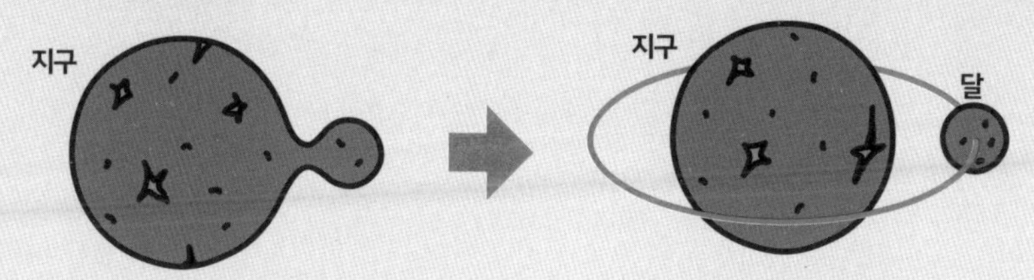

- 원시 지구는 고온에 연약하고 현재보다 자전 속도가 빨랐기 때문에 적도 부근의 일부가 원심력으로 날아갔다.
- 찢어진 부분이 둥글어져 달이 됐다.

형제설(공성장설)

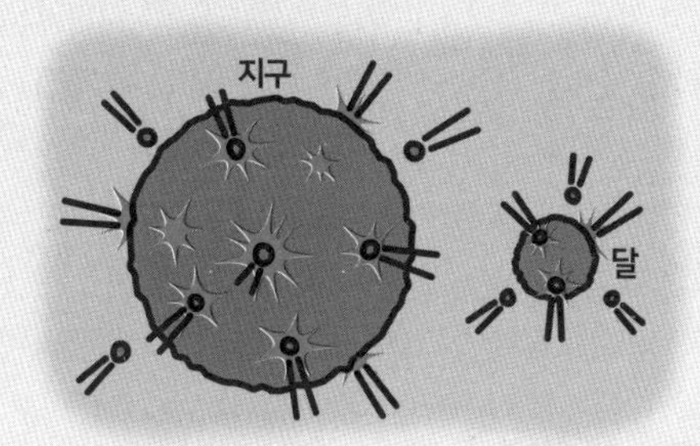

- 미행성에서 원시 지구가 형성됐을 때 달도 같은 가스와 먼지로 생겼다.

타인설(포획설)

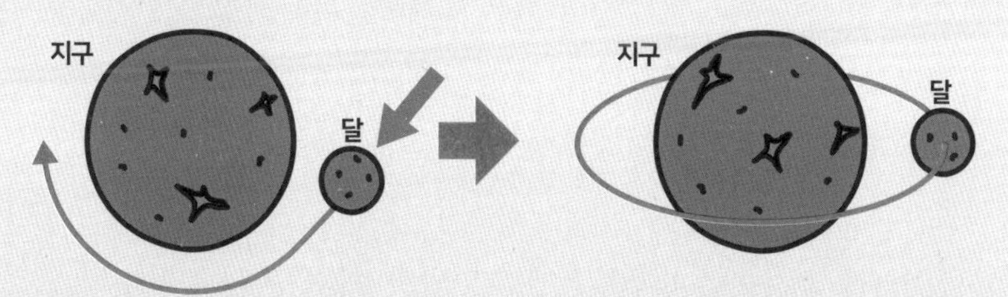

- 지구와 떨어진 곳에서 생긴 달이 우연히 지구의 옆을 지나는 궤도에 올라탔다.
- 지구의 인력에 당겨져서 위성이 됐다.

용어 해설 · **위성** 행성과 준행성, 소행성의 주위를 공전하는 자연 천체

10 만약 달이 없다면 지구는 어떻게 될까?

초고속 자전으로 생명이 생존하기에는 과혹한 환경이다

지구와 달은 인력이라는 힘으로 서로 잡아당기고 있다. 이 인력으로 서로 잡아당기면서 돌아갈 때 생기는 원심력이 바다의 간조와 만조를 일으킨다. 이것을 조석력(조석작용)이라고 한다. 행성과 위성이 서로에게 이 정도까지 작용하는 것은 태양계에서는 지구와 달뿐이라고 생각한다. 그런 달이 없었다면 바다의 조석, 간조는 물론이거니와 지구는 지금과 같은 생명이 존재하는 행성의 모습은 아니었을 가능성이 있다. 예를 들면 달의 조석력은 지구의 자전 속도를 더디게 하는 작용을 한다. 만약 달이 없었다면 지구는 1일 8시간이라는 맹렬한 속도로 회전했을 것으로 생각된다.

그렇다면 지표도 바다도 악천후여서 만약 생명이 탄생했다고 해도 현재의 인류와 같은 진화는 불가능했을 것이다. 또한 지구 자전축의 기울기를 일정하게 유지해주고 있는 것도 달의 인력이다. 지구는 자전축이 약 23.4도 기울어진 상태로 태양 주위를 1년 걸쳐 공전하고 있다. 달이 없으면 자전축이 불과 1도만 어긋나도 그 기울기는 예측 불가능한 변동을 일으킨다. 만약 달이 없었다면 지구의 자전축은 불규칙하게 변화하여 대규모 기후 변동이 일어났을 것이다. 이처럼 유일한 위성인 달이야말로 지구에 생명의 탄생을 가져왔다고 할 수 있다.

인류에게 달은 가장 가까운 천체이다. 달이 차고 기우는 것에서 역(歷)이 생겨나고 달을 무대로 한 이야기도 다수 전해져 내려오고 있다. 그리고 마침내 아폴로 계획에 의해서 비로소 인류가 달에 첫발을 내딛게 됨으로써 달은 이야기의 무대에서 현실의 존재로 다가왔다.

조석력의 원리

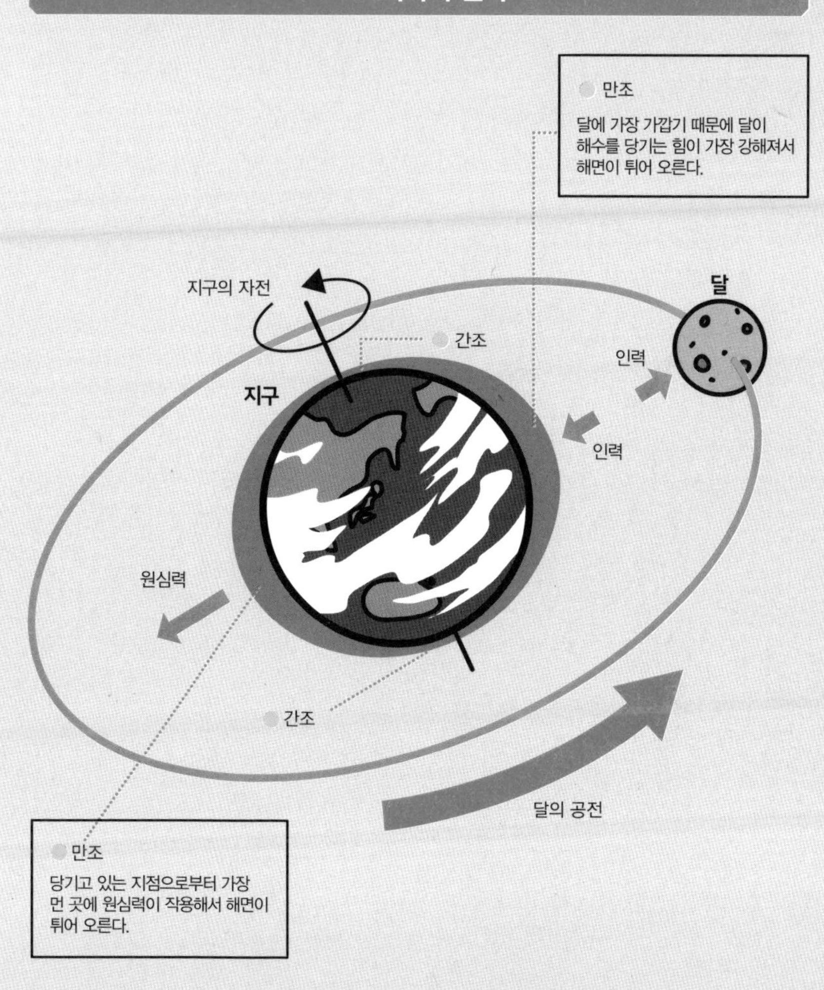

지구와 달은 서로 잡아당기고 있다. 이 힘이 해수의 간조, 만조를 일으킨다.

용어 해설

· **미행성** 행성계 형성 초기에 존재하는 직경 10킬로미터 정도의 미소 천체

11 달은 지구에서 멀어지고 있다?

1년에 3센티미터씩 멀어진다

달이 지구를 도는 궤도가 타원형이므로 달과 지구의 거리는 가장 멀리 떨어져 있을 때가 40만 킬로미터, 가장 가까워질 때가 약 36만 킬로미터가 된다.

덧붙이면 지구에서 가장 가까운 보름달을 슈퍼문이라고 한다. 슈퍼문은 가장 먼 보름달에 비해 15퍼센트 가까이 직경이 크게 보인다. 그럼 달이 지구에서 멀어져 가고 있다는 얘기인데, 확실히 달은 매년 3센티미터 정도 지구에서 멀어져 가고 있다. 달이 멀어짐에 따라 지구의 자전도 달의 공전도 느려진다.

달이 막 생겼을 무렵 지구는 1일 8시간 정도의 빠르기로 자전했지만 달이 멀어짐에 따라 자전 속도가 느려져 현재는 1일 약 24시간이 됐다. 그리고 장래에는 하루의 길이는 좀 더 길어진다.

사실 달이 멀어지다가 결국에는 어떻게 될 것인지 대략은 알고 있다. 최후에는 지구에서 보면 달은 같은 장소에 멈추고 그 자리에서 달이 차고 기우는(영휴盈虧) 것을 반복한다. 그때 지구의 자전은 약 47일에 1,130시간이 된다. 그렇다고 해도 이렇게 되는 것은 계산상 약 100~200억 년 후의 일이다. 100년 지나야 겨우 3미터이니까 지금의 우리들이 살아가는 시대에 무슨 일이 일어나는 일은 없을 것이다. 물론 먼 미래에는 인류를 포함한 지구상의 생물에도 큰 변화가 생길지 모르겠다.

이와 관련한 모든 변화는 천천히 진행한다. 변화에 맞추어 지상의 생명체도 천천히 적응하면서 진화하지 않을까?

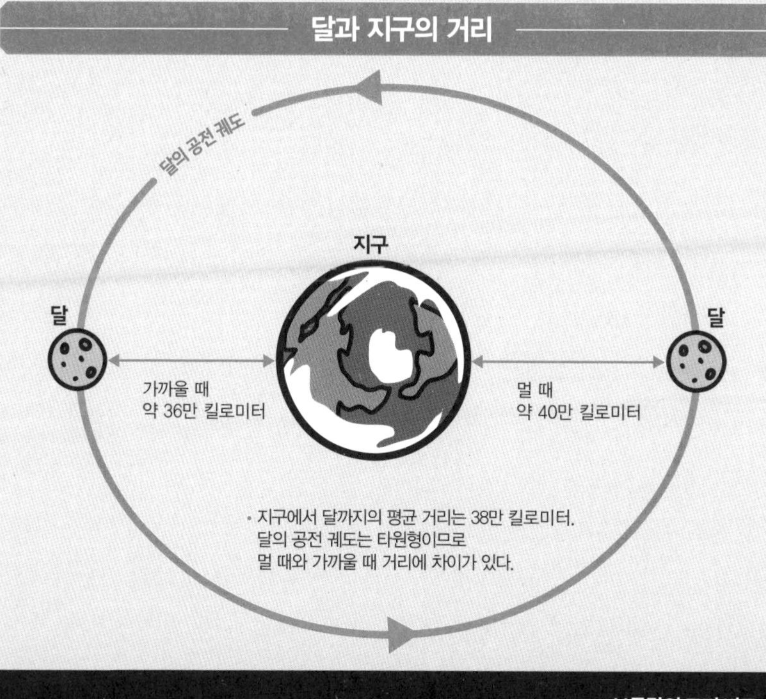

2017년 최대 보름달 화상과 최소 보름달 화상을 나열하면 같은 보름달이라도 크기가 이렇게나 다르다.

12 달의 크레이터는 어떻게 생겼을까?

미행성이 대량 충돌한 것이라는 설이 유력하다

달 표면 사진을 보면 원형의 움푹 파인 구덩이(窪地)가 무수히 있는 것을 알 수 있다. 이것이 크레이터다. 달의 크레이터를 처음으로 발견한 사람은 갈릴레오 갈릴레이다. 그는 물리학자로도 유명하지만 천문학자로도 많은 업적을 남겼다. 1609년 직접 만든 망원경으로 달을 관찰한 결과 달은 수정과 같은 매끈매끈한 구체가 아니라 무수히 많은 산과 움푹 팬 웅덩이가 있다는 것을 발견했다.

그러면 그런 달의 크레이터는 어떻게 해서 생겼을까? 여기에 대해서는 오래전부터 2가지 설이 제기되어 왔다. 하나가 화산의 화구라는 화구설이고 또 하나는 달에 천체가 충돌해서 형성됐다는 설이다.

이 논쟁에 결론을 지은 것이 미국의 아폴로 계획에 의한 달 탐사였다. 달에서 갖고 돌아온 암석을 분석한 결과 격심한 충돌의 흔적이 밝혀졌기 때문이다. 이것이 충돌 기원설의 움직이지 못하는 증거가 됐다.

달 표면에 초음속으로 천체가 충돌하면 그 충격과 열에 의해서 달 표면은 끈적끈적하게 녹고 못(웅덩이)이 올라와 안쪽에는 녹은 지면이 평편하게 굳어졌을 것으로 생각된다. 충돌한 천체의 질량과 충돌 속도에 따라서 크레이터의 크기는 제각각이다. 직경 200킬로미터를 넘는 크기부터 직경 수 킬로미터 이하까지 그 수는 수만 개에 달한다.

조사 결과 크레이터가 많이 보이는 달의 고지(高地)는 40억 년 정도 전의 오랜 지질이라는 사실을 알았다. 40억 년 전부터 38억 년 전에 걸쳐 무수한 천체가 격심하게 충돌한 시기가 있었고 그때에 형성됐을 것으로 추측된다.

달의 거대 크레이터 형성 과정

• 달 표면에 미행성(운석)이 충돌

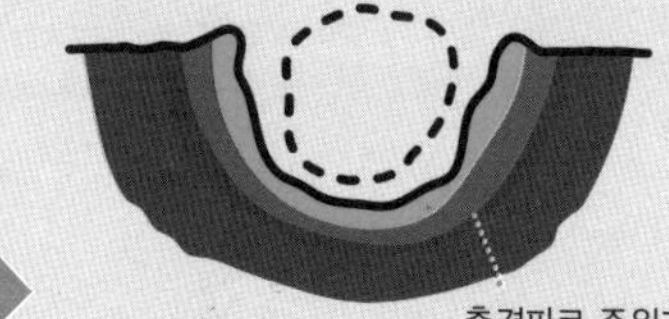

• 미행성이 녹아 충격파를 발생하고 주위를 녹였다.

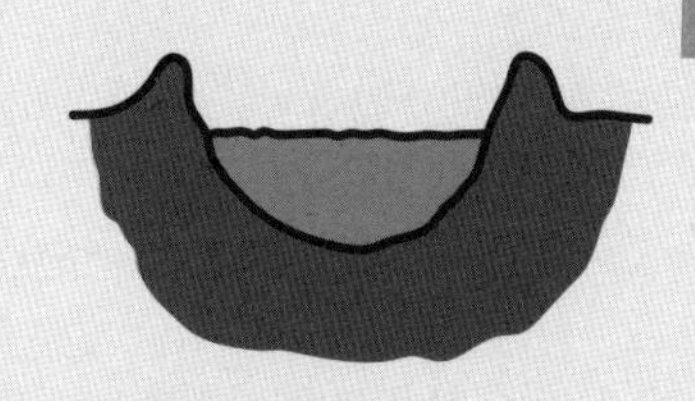

• 못이 튀어 올라오고 패인 안쪽에는 녹은 지면이 평편해져 크레이터가 됐다.

○ 달의 크레이터

1969년 달 궤도상에 있는 아폴로 11호에서 본 크레이터 다이달로스.
달 뒷면 거의 중앙에 위치하고 직경은 약 93킬로미터이며 깊이는 약 3킬로미터이다. 장래에는 거대한 전파 망원경 설치 장소로 제안되고 있다.

NASA

13 달의 바다에 물은 있을까?

물이 없는 바다

달을 망원경으로 보면 검고 평편하게 보이는 부분이 있는데, 마치 바다처럼 보인다고 해서 달의 바다라고 불린다. 그러면 그 바다에 물은 있을까? 원시 지구에서는 충돌한 무수한 미행성 등이 물을 날라 왔다. 달 역시 형성될 당시에는 마찬가지로 물이 운반되어 왔을 것이다. 그런데 달을 탐사한 결과 달 표면에 물의 존재를 확인할 수 없었다. 대기가 거의 없는 달에서는 태양이 비추는 주간에는 100도에 달하고, 태양이 닿지 않는 야간에는 영하 170도로 내려가 엄청난 온도 차이가 있다. 이런 조건에서는 액체인 물은 존재하지 못하고, 가령 물이 있었다고 해도 얼음에서 직접 진공 중으로 승화해 버릴 것이다.

그러면 달의 바다는 어떻게 해서 생긴 것일까? 운석의 충돌로 생긴 많은 크레이터가 있는 부근에 거대한 천체가 충돌하여 내부에서 맨틀 물질이 분출한다. 이로 인해 연결된 크레이터의 패인 부분에 용암류가 확산되고 이것이 굳어서 생긴 것이 달의 바다이다. 바다가 검게 보이는 것은 거무스레한 현무암질 용암으로 덮여 있기 때문이다. 달의 직경이 약 3,500킬로미터이니까 얼마나 큰지 짐작할 수 있다.

발견된 '달의 바다'에는 각각 이름이 붙어 있다. 달의 바다는 달 표면에 크고 작은 규모로 많이 존재하며 달 표면에서 최대 크기의 바다인 '폭풍의 바다[1]'의 경우 직경 2,500킬로미터를 넘는다.

---

1 **폭풍의 바다(oceanus procellarum)** 달 표면의 북위 40°에서 남위 10°까지, 서경 30°에서 70°까지의 넓이 약 320만 제곱킬로미터의 평지를 말한다. (역자 주)

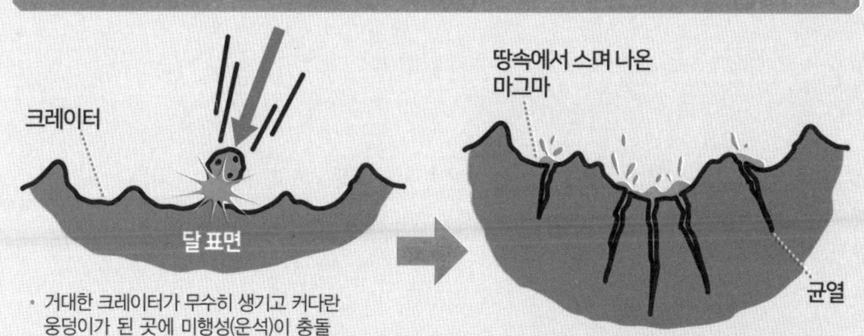

• 거대한 크레이터가 무수히 생기고 커다란 웅덩이가 된 곳에 미행성(운석)이 충돌

• 미행성이 부딪힌 충격으로 웅덩이에 균열이 생기고 그 균열에서 땅속 마그마가 스며나왔다.

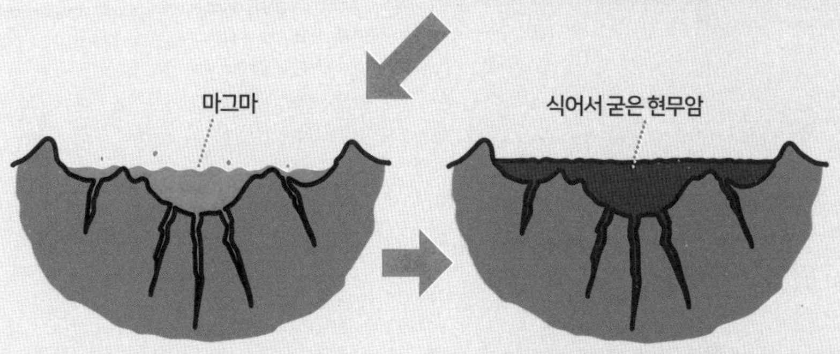

• 땅속에서 스며나온 마그마가 웅덩이에 고였다.

• 마그마가 용암이 되어 웅덩이를 메우고 평편해져 마침내 굳어서 검은 현무암이 됐다.

달의 바다

달의 서쪽에 있는 광대한 달의 바다 '폭풍의 바다'. 직경이 2,500킬로미터나 된다.

NASA

14 아폴로는 정말로 달에 갔을까?

도시전설이 되기도 했지만…정말로 갔다!

미국과 소련의 우주 개발 경쟁이 낳은 큰 성과

1957년경부터 당시 냉전 상태였던 미국과 구소련(구 러시아) 간에 치열한 우주 개발 경쟁이 벌어졌다. 그런 가운데 먼저 구소련이 1959년 달 탐사기 루나 1호를 쏘아 올려 루나 계획을 실행하며 달 탐사에서 앞섰다.

루나 계획은 인공 물체의 달 표면 최초 도달, 달 뒷면 첫 촬영, 최초의 연착륙이라는 수식어를 달며 성공을 거두었다. 한편 미국도 1961년부터 레인저 계획을 시작하고 9기의 달 탐사기를 쏘아 올리며 만회에 나섰다.

그 후 다른 천체의 유인 탐사 계획이 시작됐다. 바로 미국의 아폴로 계획이다. 그리고 마침내 1969년 7월 20일 아폴로 11호에 의해서 인류가 처음으로 달 표면에 첫 발을 내딛었다. 미국은 이것을 계기로 1972년까지 총 6회에 걸쳐서 유인 달 표면 착륙에 성공했다. 이를 통해 총 400킬로그램에 가까운 토양과 암석을 지구로 갖고 돌아올 수 있었고 달에 설치한 실험 장치와 관측 기기 등에 의해서 달의 과학적 연구를 크게 진척시킬 수 있었다.

그런데 일련의 성과에 대해 아폴로 계획은 모두 미국이 날조했으며 인류는 달에 간 적이 없다는 아폴로 계획 음모론(Moon Hoax)이 매스컴을 떠들썩하게 한 바 있다. 달에는 대기가 없는데 성조기가 날렸다, 하늘에 별이 찍히지 않았다면서 각종 의문이 제기된 것이다. 그러나 성조기를 달 표면에 꽂을 때 폴을 움직여야 하므로 그 반동으로 깃발은 움직이게 돼 있다. 그뿐인가 진공 상태에서는 공기의 저항이 없기 때문에 지구에서보다 쉽게 움직일 수 있다.

미국과 소련의 달 탐사 경쟁 연표(1959~1972년)

1959년	9월 12일	루나 2호	구소련	달 '맑음의 바다'에 충돌(1959/9/14)
1959년	10월 4일	루나 3호	구소련	달 가까이를 통과, 달 뒤쪽 촬영에 성공
1963년	4월 2일	루나 4호	구소련	달에서 8,500킬로미터 부근을 통과
1966년	1월 31일	루나 9호	구소련	달 착륙 '태풍의 바다'(1966/2/3)
1966년	5월 30일	서베이어 1호	미국	달 착륙 '태풍의 바다'(1966/6/2)
1966년	12월 21일	루나 13호	구소련	달 착륙 '태풍의 바다'(1966/12/24)
1967년	4월 17일	서베이어 3호	미국	달 착륙 '태풍의 바다'(1967/4/19)
1967년	9월 8일	서베이어 5호	미국	달 착륙 '조용의 바다'(1967/9/11)
1967년	11월 7일	서베이어 6호	미국	달 착륙 '중앙의 입강'(1967/11/10)
1968년	1월 7일	서베이어 7호	미국	달 착륙 '티코 크레이타'(1968/1/10)
1968년	9월 14일	존드 5호	구소련	달을 돈 후 지구로 귀환, 동물을 실었다
1968년	11월 10일	존드 6호	구소련	달을 돈 후 지구로 귀환
1968년	12월 21일	아폴로 8호	미국	달을 돈 후 지구로 귀환, 유인
1969년	5월 18일	아폴로 10호	미국	달을 돈 후 지구로 귀환, 유인
1969년	7월 16일	아폴로 11호	미국	달 착륙 '조용의 바다'(1969/7/20), 유인
1969년	8월 7일	존드 7호	구소련	달을 돈 후 지구로 귀환
1969년	11월 14일	아폴로 12호	미국	달 착륙 '태풍의 대양'(1969/11/19), 유인
1970년	4월 11일	아폴로 13호	미국	사고 발생, 달을 돌고 지구로 귀환, 유인
1970년	9월 12일	루나 16호	구소련	달 착륙(1970/9/20), 샘플 리턴(무인)
1980년	10월 20일	존드 8호	구소련	달을 돈 후 지구로 귀환
1970년	11월 10일	루나 17호	구소련	달 착륙 '비의 바다'(1970/11/15), 루노코드 1호(무인 로버) 사용
1971년	1월 31일	아폴로 14호	미국	달 착륙 '파라우마로 고지'(1971/2/5), 유인
1971년	7월 26일	아폴로 15호	미국	달 착륙 '아페닌 산맥'과 '하드리 계곡' 간(1971/7/30), 유인, 로버 사용
1972년	2월 14일	루나 20호	구소련	달 착륙 '풍요로운 바다'(1972/2/21), 샘플 리턴(무인)
1972년	4월 16일	아폴로 16호	미국	달 착륙 '데카르트 고지' 남쪽(1972/4/21), 유인, 로버 사용
1972년	12월 7일	아폴로 17호	미국	달 착륙 '타우르스 · 리트로 지역'(1972/12/11), 유인, 로버 사용

*「달 탐사 보도 스테이션」 홈페이지에서 발췌 https://moonstation.jp/

위의 연표는 구소련이 루나 2호를 쏘아올린 1959년부터 미국이 최후에 쏘아 올린 아폴로 17호까지 미국과 소련의 달 탐사 연표이다. 양국 모두 1년간 여러 대의 로켓을 쏘아 올리며 달 탐사를 경쟁했던 것을 알 수 있다. 덕분에 달에 대해 여러 가지 사실을 알게 됐다.

용어 해설 · **hoax** 영어로 속임수, 날조의 의미

또한 별에 대한 의문에 대해서는 촬영된 시간이 달의 낮 시간이어서 태양광이 닿아 빛나 있는 달 표면에 노출을 맞추었기 때문에 별은 찍히지 않은 것이다.

달의 기원을 결정지은 아폴로의 달 선물

그러면 견해를 바꾸어서 아폴로가 달에 갔다는 움직일 수 없는 증거를 몇 가지 들어보자. 당시 아폴로 우주선은 전 세계인이 지켜보는 가운데 발사됐다. 전 세계의 통신 안테나, 레이더, 광학 망원경이 일제히 아폴로 우주선을 추적한 것이다. 이런 상황에서 날조가 가능했다는 것은 도저히 생각할 수 없다. 또한 아폴로 우주선이 달에서 갖고 돌아온 광물에는 전혀 물이 함유되어 있지 않았다. 이것이 달 탄생에 관련된 충돌설(18~19쪽)을 가장 유력한 가설로 밀어 올린 결정적 계기가 됐다.

물론 구소련도 무인 탐사기를 사용해서 마찬가지로 광물을 채취했다. 애당초 아폴로 계획에 조금이라도 의문의 여지가 있었다면 구소련이 광물 건에 대해 침묵을 지키고 있을 리가 없다. 사실 구소련도 유인 달 착륙 계획을 세우고 초대형 우주선을 개발했다. 그러나 연거푸 4차례나 발사 테스트에 실패하면서 계획은 무산됐다. 또한 아폴로 계획에서는 3회에 걸쳐서 달 표면에 레이저 반사경을 설치했다.

이 거울에 지구로부터 레이저를 조사하여 빛이 되돌아오기까지의 시간을 측정함으로써 달까지의 거리를 센티미터 단위까지 계측할 수 있게 됐다. 이것은 어느 정도 출력을 갖춘 레이저 발진기가 있으면 일반인이라도 실험이 가능하다. 덧붙이면 2008년 5월 일본의 달 탐사선 '카구야'는 달 표면 '비의 바다'의 하들리 계곡에서 아폴로 15호기가 착륙 당시 만든 분사 흔적을 촬영하는 데 성공했다.

아폴로가 촬영한 달 표면 사진

NASA

1969년. 아폴로 11호의 기외 활동(EVA) 시에 촬영됐다. 우주비행사의 신발 자국을 확대한 그림. 달 표면이 부드러운 모래인 것을 알 수 있다.

NASA

1969년. 아폴로 11호의 승무원 에드윈 E. 올드린 주니어 우주비행사가 달 표면에 미국 국기를 꽂았다. 이때의 동영상에 국기가 펄럭였던 것도 아폴로 계획 음모론의 계기가 됐다.

NASA

인류 최초의 달 표면 상륙에 성공한 아폴로 11호의 승무원을 태우고 달의 바다 '고요의 바다'에 상륙한 달 표면 모듈 '엔젤'.

15 인류에게 달은 어떤 매력이 있을까?

지구의 에너지 문제를 해결할 가능성이 크다

1972년 12월 미국은 아폴로 17호를 마지막으로 아폴로 계획을 종료했다. 그로부터 달에 간 인류는 없었다. 그렇다고 달이 인류에게 매력이 사라진 것은 아니다. 우선 꼽을 수 있는 것이 에너지와 자원 문제이다. 지구상에는 일반 헬륨의 100만 분의 1밖에 존재하지 않는 헬륨 3이라는 물질이 달의 토양에는 수십만 톤 있는 것으로 추정된다.

헬륨 3이라는 물질은 일반 헬륨 원자보다 가벼운 안정 동위체를 말하며 핵융합로의 연료가 되는 물질이다. 헬륨 3이 1만 톤 있으면 전 인류의 100년분에 달하는 에너지를 조달할 수 있다고 한다. 달 표면에서 헬륨 3 등을 이용해서 발전해 만든 전력을 레이저 등으로 변환해서 지구에 송전할 수 있는 기술이 확립되면 안전하고 대량의 에너지를 안정적으로 얻을 수 있을 것으로 기대된다. 이외에도 달에는 알루미늄, 티탄, 철 등이 풍부하며 달 표면에서 이들을 정제할 수 있으면 유익한 소재를 만들어낼 수도 있을 것이다.

다음으로 들 수 있는 것이 지구의 6분의 1이라는 중력을 이용하는 것이다. 그런 수치의 중력하에서 야채를 기르면 지구에서 기르는 것보다 훨씬 크게 자랄 가능성이 있다. 또한 근미래에는 중력 탈출 여행이 실현될지도 모를 일이다.

인류의 지금의 기술 수준으로 보면 달 표면 기지의 건설은 충분히 실현 가능하다. 인류가 영속적으로 번영하기 위한 단서도 어쩌면 달에서 찾을 수 있지 않을까. 그리고 그것은 가까운 미래의 일이 될 수도 있다.

NASA

1972년 12월 12일, 아폴로 17호에 탑승한 지질학자 해리슨 슈미트(Harrison Schmitt)가 달 표면의 샘플을 채취하는 모습이다.

달 표면 기지 이미지

NASA

아폴로 11호의 달 표면 착륙 후 달 표면에 기지를 만드는 구상이 무르익었지만 그 후 정체됐다. 그러나 2000년경부터 각국에서 달 표면 기지 구상이 재연됐다. 헬륨 3을 비롯한 달의 광물 자원을 활용할 날도 그리 먼 미래의 이야기는 아닐 수 있다.

16 달에 거대 망원경을 만든다는데 진짜일까?

몇 가지 조건을 해결하면 달 표면 천문대는 실현 가능하다

달은 인류에게 실리적인 이점뿐 아니라 과학적으로도 헤아릴 수 없는 가치를 제공한다. 달 환경 자체가 천문학을 비롯한 다양한 과학 분야의 연구에 매우 유익한 장(場)을 제공해주기 때문이다.

예를 들면 천문학의 경우 다음과 같은 이점을 들 수 있다.

달에는 자기장이 없기 때문에 전리층 등이 없다. 또한 지구로부터의 인공 전자기파는 달 자체가 가로막아주기 때문에 지구에 면해 있지 않는 달 뒤쪽은 전자기파적으로는 매우 조용하고 전파 망원경을 설치하는 데 이상적인 장소이다.

그리고 무엇보다 달에는 대기가 없기 때문에 별에서 나온 빛이 도중에 흡수되거나 산란되지 않고 달 표면에 도달한다. 여기에 광학 망원경을 설치하면 성능을 최대한으로 이끌어낼 수 있다.

중력은 지구의 6분의 1이며 비바람으로부터 망원경을 보호할 필요도 없어 간단한 구조로 거대한 망원경을 설치할 수 있고 운용비용도 낮다. 또한 달의 자전 주기에 의해 밤이 대략 14일 연속 이어지므로 지속적인 관측이 가능하다. 그런데다 지반이 안정적이어서 크레이터에 패널을 부설하면 직경 수십 킬로미터의 거대한 파라볼라 안테나도 만들 수 있다.

다만, 달 표면에 기지를 만들어 기기를 운반하고 천문대를 운용하는 데 지장이 없어야 한다는 전제 조건이 해결되어야 한다.

전제 조건이 갖추어지고 달 표면 천문대가 실현되면 우주에 관한 지견은 한층 깊어질 것이다.

NASA/JPL/USGS

지구에서 가장 가까이에 있는 달은 자원뿐 아니라 과학 연구를 하는 데 있어서도 흥미로운 천체이다.

달은 지구보다 훨씬 천문 관측에 적합한 환경이다. 때문에 달의 뒤쪽에 전파 망원경 등을 설치하는 '월면 천문대' 구상이 진행되고 있다.

17 우주 엘리베이터란 무엇일까?

로켓을 대신하는 우주 교통 시스템이다

현재의 우주 개발에서 중심 역할을 하고 있는 것은 로켓이다. 그러나 인류에게 우주를 더욱 가깝게 느끼도록 하기 위해서는 로켓을 대신하는 새로운 우주 교통 시스템이 필요하다.

그래서 주목을 받고 있는 것이 우주 엘리베이터(궤도 엘리베이터)이다. 그런 건 SF 세계에서 나오는 얘기라고 생각할지 모르겠다. 그러나 1991년 철강의 20배 강도를 가진 획기적인 소재 탄소나노튜브가 개발된 것을 계기로 우주 엘리베이터 구상 논의가 가속됐다. 일본 건설업체 오바야시구미(大林組)는 2050년에는 완성하겠다는 구상을 발표한 바 있다.

우주 엘리베이터란 어떤 걸까.

기상 관측용 위성은 적도 상공 고도 약 3만 6,000킬로미터에 쏘아 올려 지구가 회전하는 것과 같은 속도로 돌아가므로 멈추어 있는 것처럼 보인다. 이것이 정지 위성이다.

우주 엘리베이터란 이 정지 위성을 터미널역으로 삼아 탄소나노튜브로 만든 케이블로 지상과 연결하고 거기에 엘리베이터를 설치해서 지상과 왔다 갔다 할 수 있게 하겠다는 것이다. 우주 엘리베이터에는 로켓과 비교하면 추락과 폭발 위험이 적은 것으로 여겨지며 대기오염 우려도 없다. 아직 구상 단계인 우주 엘리베이터가 만약 실현되면 우주 개발이 크게 비약할 것임은 틀림없다. 그리고 우리들이 달을 비롯한 다른 천체를 방문하는 것도 가능해질지 모를 일이다.

우주 엘리베이터 이미지

구상 : 오바야시구미

오바야시구미가 구상하는 우주 엘리베이터의 이미지도

해상에 떠 있는 지구 쪽 스테이션, 어스 포트에서 우주 엘리베이터를 타고 상공 3만 6,000킬로미터의 정지 궤도 스테이션으로 향한다. 오바야시구미는 2050년 완성을 목표하고 있다.

오바야시구미의 우주 엘리베이터 구성도

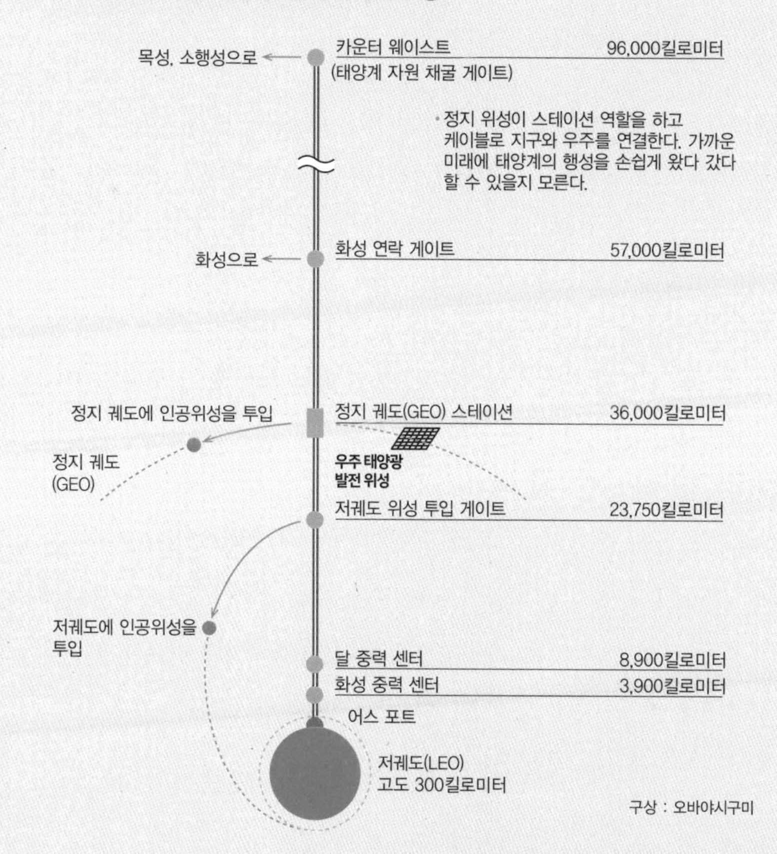

구상 : 오바야시구미

최신 우주 토픽

2개의 위성을 가진 역대급 소행성 지구에 초접근!

2017년 9월 1일 지구에서 약 700만 킬로미터라는 가까운 거리까지 근접한 소행성이 있다. 그 이름은 플로렌스. 19세기에 활약한 영국인 간호사 플로렌스 나이팅게일에서 이름을 붙였다. 플로렌스는 1981년 3월 호주 천문대가 발견했다. 그러나 지구에 이 정도로 근접한 것은 1890년 이래의 일이다.

이번 접근에 의해 플로렌스의 크기는 약 4.5킬로미터나 된다는 것을 알게 됐다. 공룡이 지구상에서 사라진 원인이 됐다고 여겨지는 6,550만 년 전의 운석은 직경이 약 10킬로미터였던 것으로 추정되며 플로렌스는 그 절반 정도의 크기다.

만약 지구에 충돌하면 일찍이 없는 대규모의 피해를 입게 되는 것은 틀림없지만 사람들에게 크게 주목받지 않았다. 또한 플로렌스는 2개의 위성을 수반하고 있는 것이 밝혀졌다. 각 위성의 직경은 100~300미터로 플로렌스에서 가까운 안쪽을 도는 위성은 약 8시간에 일주하고 바깥쪽을 도는 위성은 22~27시간에 일주하는 것을 알았다.

지금까지도 지구에 접근하는 소행성은 수많이 있고 현재 60개 존재하는 것으로 알려져 있다. 그러나 이 정도로 큰 소행성이 지구에 초근접한 것은 NASA 관측 역사상 처음 있는 일이다.

그런데다 위성을 2개 수반하고 있는 것은 2009년 초반에 확인된 '1994CC' 이후 처음 있는 일이다.

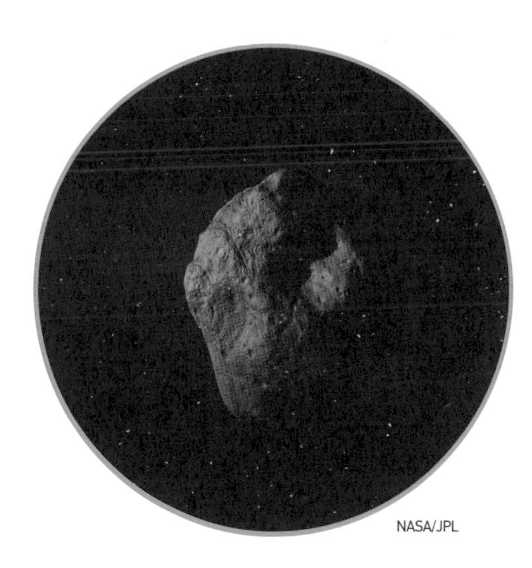

NASA/JPL

• 소행성 플로렌스(원 안)와 그 궤도. 지구에서는 지구와 달의 거리의 18배에 상당하는 약 700만 킬로미터밖에 떨어져 있지 않은 곳까지 근접했다. 작은 망원경으로도 보이는 거리다.

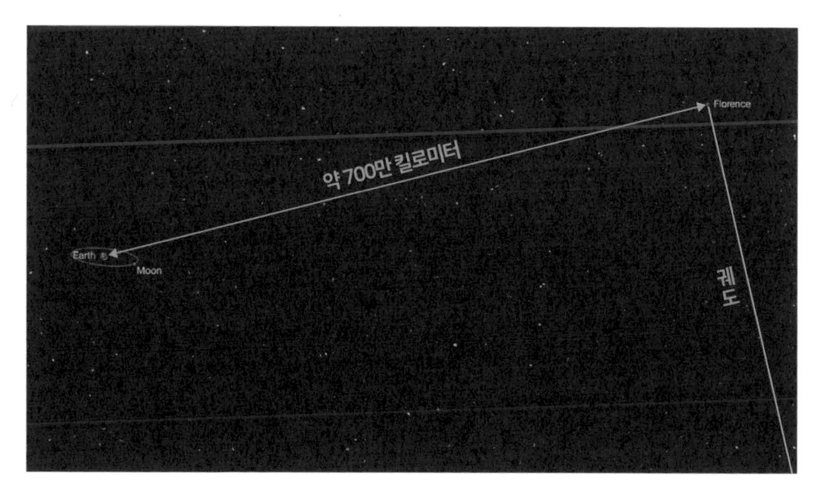

NASA/JPL/Space Science Institute

최신 우주 토픽

토성의 위성 엔켈라두스에 생명의 가능성!?

미국 항공우주국(NASA)의 토성 탐사기 카시니는 2015년 10월 매우 흥미로운 임무를 수행했다.

토성의 위성 중 하나인 엔켈라두스로부터 마치 간헐천과 같이 방출하고 있는 블룸(물기둥) 속을 통과해서 그 샘플을 채취한 것이다.

샘플을 분석한 결과 무려 그곳에는 염류, 유기분자, 암모니아, 수소분자 등이 함유되어 있는 것을 알았다. 이들은 생명을 구성하는 중요한 요소인 만큼 그 위성에 생명의 존재 가능성이 기대되고 있다.

전문가에 따르면 엔켈라두스의 두꺼운 얼음 아래 지중 깊이에는 내부해가 있고 그곳으로부터 미립자가 분출하고 있다고 한다.

원래 이 입자의 성질은 지구에서 최초로 생명체가 태어난 장소에서 생겨난 것과 매우 비슷하다는 것이다.

이 입자는 토성의 8개 고리의 하나인 E환에도 존재하는 것으로 추정된다. 다시 말해 E환은 엔켈라두스가 분출하는 물기둥이 토대가 되고 있는 것으로 생각되며 엔켈라두스 내부해의 성분과 같은 것이다. 또한 엔켈라두스에는 대량의 수소가 존재하고 있다고 한다.

이것은 생명이 이용할 수 있는 화학 에너지가 충분히 있다는 증거여서 생명이 존재할 가능성이 점점 높아지고 있다고 할 수 있겠다.

제 3 장

은혜로운 엄마
_태양이라는 별

18 태양은 어떻게 탄생했을까?

수소 핵융합으로 생겨났다

지구가 있는 태양계는 태양이라는 항성을 중심으로 구성되어 있다. 지구에서 태양까지의 평균 거리는 약 1억 4,960만 킬로미터이고 빛의 빠르기로 약 8분 20초 걸린다. 반경은 지구의 대략 109배. 질량은 지구의 33만 배로 태양계 전 질량의 99.86퍼센트를 차지하며 태양계의 모든 천체에 중력의 영향을 미치고 있다.

그렇게 큰 태양도 우리 은하에서는 평범한 항성의 하나에 불과하다. 그러면 태양은 어떻게 해서 생겨났을까? 현재의 우주론에 의하면 우주는 인플레이션과 빅뱅을 계기로 138억 년 전에 탄생한 것으로 추정된다.

빅뱅에 의해서 물질의 근원이 되는 소립자가 생성됐지만 초기 우주에 존재한 원소는 거의 수소였던 것으로 보인다. 그 수소가 모여 분자구름이라 불리는 은하를 형성한다. 분자구름은 별들의 아기방, 별의 요람이라고도 불리는데, 별은 이 속에서 자란다.

태양도 분자구름에서 탄생했다. 분자구름 중에서 밀도가 높은 분자구름 코어 몇 개가 태어나고 자신의 중력으로 점점 수축해서 원시별이 된다. 원시별은 주위의 가스와 먼지를 흡수하면서 더욱 수축한다.

마침내 중심부의 밀도가 높아지고 핵융합이 일어난다. 나아가 중심의 온도가 1,000만도 이상 되는 고온이 되어 밝게 빛나고 지금의 태양으로 성장했을 것으로 생각된다. 이것이 46억 년 전의 일이다.

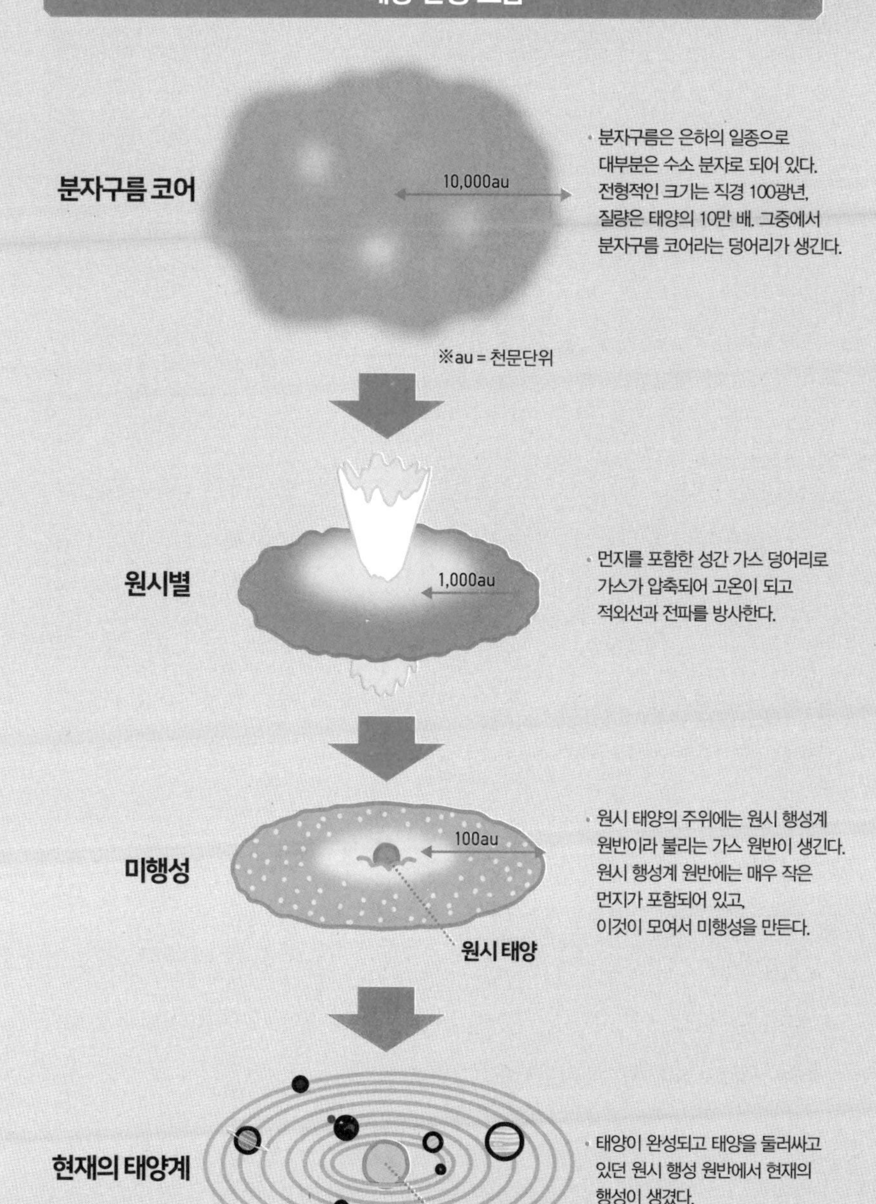

· 분자구름은 은하의 일종으로 대부분은 수소 분자로 되어 있다. 전형적인 크기는 직경 100광년, 질량은 태양의 10만 배. 그중에서 분자구름 코어라는 덩어리가 생긴다.

· 먼지를 포함한 성간 가스 덩어리로 가스가 압축되어 고온이 되고 적외선과 전파를 방사한다.

· 원시 태양의 주위에는 원시 행성계 원반이라 불리는 가스 원반이 생긴다. 원시 행성계 원반에는 매우 작은 먼지가 포함되어 있고, 이것이 모여서 미행성을 만든다.

· 태양이 완성되고 태양을 둘러싸고 있던 원시 행성 원반에서 현재의 행성이 생겼다.

19 태양의 구조는 어떻게 알 수 있을까?

태양의 표면 진동에서 내부 구조를 추측한다

태양 주위의 코로나는 10만 도나 된다고 한다. 그렇게 뜨거운 별에 인류가 갈 수는 없다. 하물며 태양의 내부에 탐사의 손길을 뻗는 것은 불가능에 가깝다. 그러면 태양의 내부가 어떻게 돼 있는지를 조사하려면 어떻게 하면 좋을까.

사실 태양 중심부의 밀도와 온도가 어느 정도이며 그 환경 속에서 수소 원자핵이 어떻게 행동하는지 컴퓨터 시뮬레이션으로 계산할 수 있었다. 그렇다고 이 방법으로 알게 된 것이 정말인지는 누구도 알 수 없다.

그래서 등장한 방법이 태양 표면에 나타나는 진동을 해석하는 일진학(日震學)[1]이다. 지구의 내부 구조를 조사할 때 지진이 전해지는 속도를 이용하는 방법이다.

지진이 전해지는 속도는 지구 내부의 밀도에 의해서 달라서 지진파가 전해지는 데이터를 수집하면 지구 내부의 구조를 추측할 수 있다. 일진학의 개념은 그것과 거의 같다. 태양을 관찰하면 거의 5분 주기로 진동하는 것을 알 수 있다. 이것을 태양의 5분 진동이라고 부른다.

태양 표면에 나타나는 이 진동을 해석해서 지구와 마찬가지로 내부 구조를 추측할 수 있는 것이다. 그 결과 핵융합을 일으키는 중심핵, 전자기파로 에너지를 나르는 방사층, 반경 30퍼센트의 깊이에서 표면까지의 대류층이라는 구조로 되어 있는 것을 확인할 수 있었다.

---

1 **일진학(日震學, helioseismology)** 태양 내부의 압력 파동의 전파에 관한 연구이다. (역자 주)

태양 구조

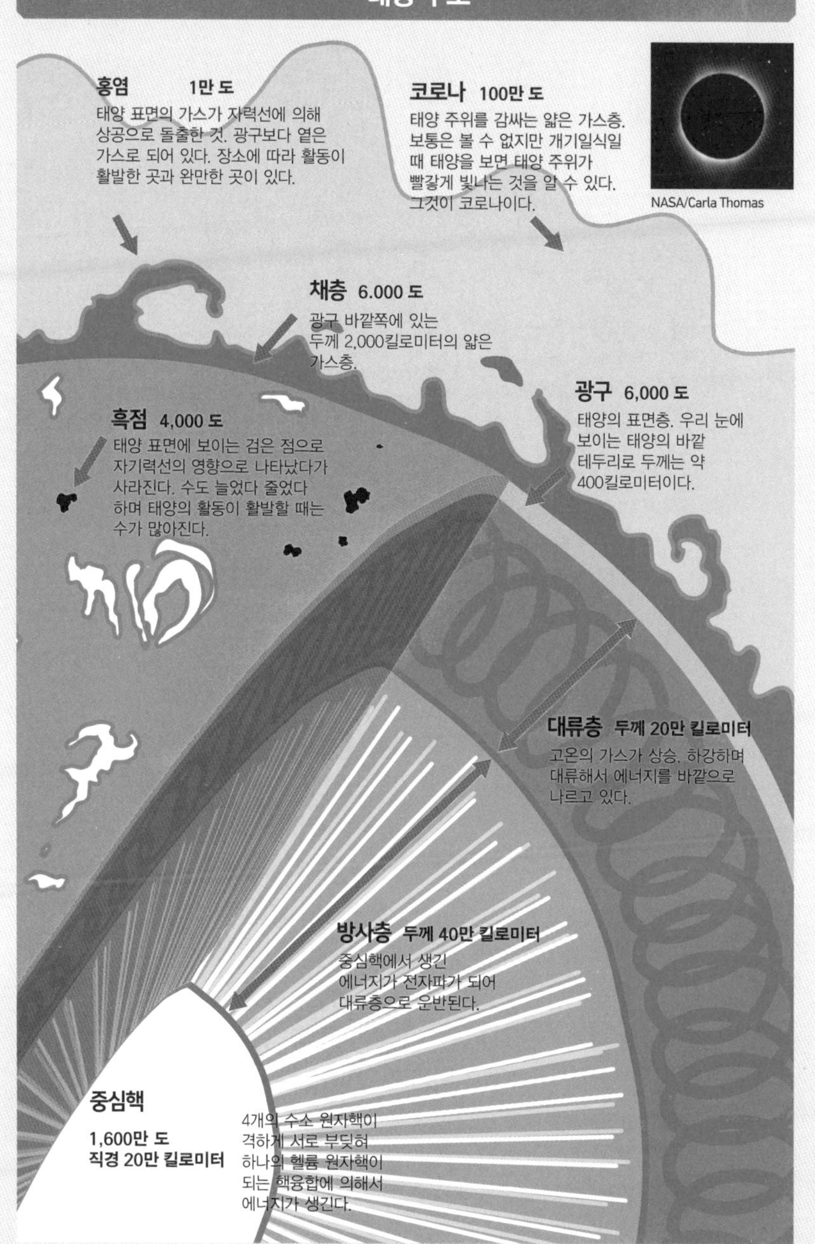

NASA/Carla Thomas

20 태양은 별이 연소하고 있는 걸까?

중심에서 일어나는 핵융합에 의해서 거대한 에너지를 방출

지구상 생명의 거의 대부분은 태양 에너지 덕분에 생명을 이어가고 있다. 인류의 문명을 지탱하는 화석연료도 수력과 풍력 같은 자연 에너지도 태양 에너지가 변화한 것이다.

그러면 태양 에너지는 어떻게 해서 만들어지는 걸까? 정확히 말하면 무언가가 불타고 있는 것은 아니다. 태양은 이미 46억 년간 에너지를 계속해서 만들어오고 있다. 아무리 태양이 크다고는 해도 그렇게 긴 세월 계속 불탈 만큼의 연료는 존재하지 않는다. 원래 태양은 지구와 달과 같은 암반의 지각이 없이 기체로 만들어진 별이다. 태양 에너지의 원천은 핵융합이다.

태양의 중심핵은 직경 20만 킬로미터로 1,500만 도, 2,500억 기압의 고온 · 고압 상태이다. 여기서 수소 원자핵이 헬륨 원자핵으로 변하는 핵융합이 일어나서 거대한 에너지를 만들어낸다.

이렇게 만들어진 에너지는 두께 40만 킬로미터의 방사층과 두께 20만 킬로미터의 대류층을 대략 수십 만 년에 걸쳐 통과해서 표면으로 나온다. 안쪽에서 방출된 빛과 열로 태양은 새빨갛게 타고 있는 것처럼 보인다.

태양 에너지는 태양풍을 타고 우주 공간으로 방출되지만 지구에 도달하는 것은 그 중 20억분의 1이라고 한다.

태양의 활동은 대략 11년 주기로 강약의 리듬을 반복하고 있다. 활동이 활발한 때에 많이 드러나는 것이 흑점이다.

그리고 흑점의 감소와 지구의 빙하기에는 관련이 있는 것으로 알려져 있다.

태양 에너지가 만들어지는 구조

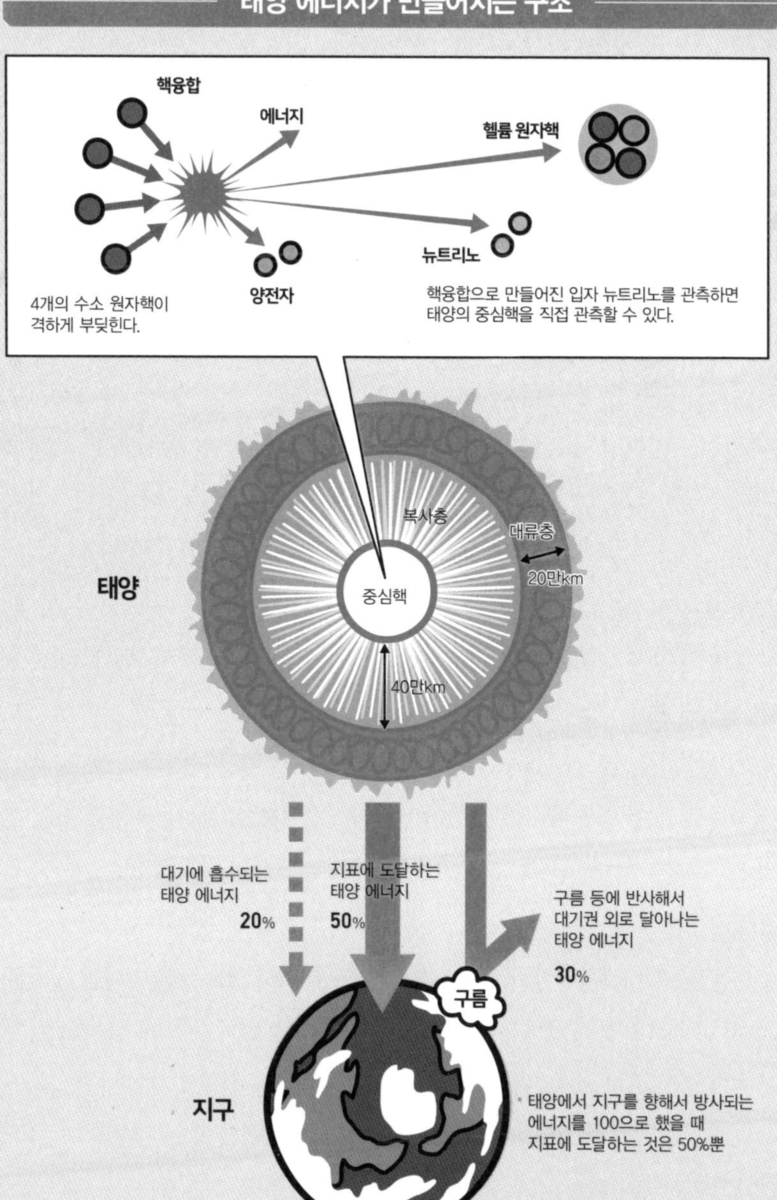

21 태양 플레어는 어떻게 일어날까?

일본의 태양 관측 위성에 의해서 알게 된 자기장의 변화

태양 플레어[1]라는 것은 태양 표면에서 일어나는 폭발 현상을 말한다. 그 형태가 불꽃(플레어)과 같아 보인다고 해서 붙은 이름이다. 폭발 위력은 수소 폭탄 10만 개에서 1억 개와 맞먹는 정도라고 하니 얼마나 격렬한 폭발인지 알 수 있다. 플레어가 발생하면 많은 X선, 감마선, 고에너지 하전 입자가 우주 공간으로 대량 방출된다. 이 에너지들이 지구에 도달하면 지구의 방어막인 지구 자기장이 흐트러져서 자기폭풍이 발생한다. 또한 전리층에도 악영향을 미쳐 통신 장애를 일으킨다. 이것을 델린저 현상[2]이라고 한다. 사실 아름다운 천체 쇼로도 큰 인기를 누리는 오로라도 플레어에 의해서 규모가 커진다.

태양 활동에 대해서는 해명되지 않은 부분이 많고 플레어가 발생하는 이유도 오랜 세월 수수께끼로 남았었다. 해결의 실마리를 제공한 것이 일본의 X선 태양 관측 위성 요우코우(Yohkoh)이다. 태양 활동 극대기의 태양 대기(코로나)와 그곳에서 일어나는 태양 플레어와 같은 고에너지 현상을 높은 정도로 관측하는 것을 목적으로 1991년에 쏘아올린 관측 위성이다.

요우코우가 세계에서 최초로 태양 활동의 1주기(약 11년)를 거의 연속해서 관측한 결과 플레어가 발생하는 원인은 코로나에서 갑자기 일어나는 자기장의 변화라는 사실을 알게 됐다. 자력선은 태양 표면에서 아치 모양으로 가동하지만 아치 사이가 근접하면 자력선의 재연결에 의해서 자기장에 비축된 에너지가 순식간에 해방되어 폭발한다. 이 폭발이 바로 플레어이다.

1 **태양 플레어(solar flare)** 태양 대기에서 발생하는, 수소폭탄 수천만 개에 해당하는 격렬한 폭발이다. 흑점이 많은 시기에 플레어가 발생하는 빈도도 높다.

2 **델린저 현상(dellinger phenomena)** 대기의 중간권에 존재하는 E, F층은 파동을 반사시켜서 통신에 사용되지만 D층은 파동을 흡수하여 통신에 방해가 된다.

태양 플레어 발생 메커니즘

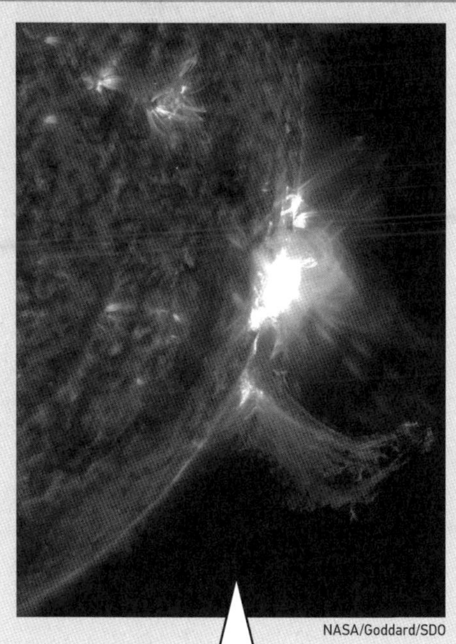

왼쪽의 태양 표면에서 오른쪽으로 크게 튀어 나온 것이 태양 플레어. 강한 빛을 발하고 있다.

NASA/Goddard/SDO

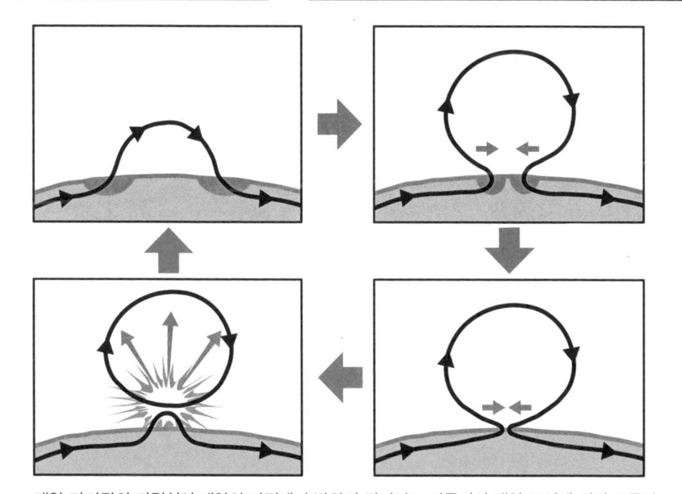

태양 자기장의 자력선이 태양의 자전에 수반하여 당겨지고 비틀려서 태양 표면에 튀어 오른다. 이 루프가 끊어지면 고온의 플라즈마가 대량으로 방출되어 플레어가 된다.

22 태양이 지구를 움직이는 엔진이라는데 사실일까?

지구의 대기와 물의 대순환은 태양 덕분이다

태양에서 방출된 에너지 중 지구에 도달하는 것은 불과 20억분의 1이라고 한다. 지구에 도달한 에너지도 구름과 지표면에 의한 반사 등으로 그중 30% 가까이는 우주 공간으로 방출된다.

지구는 거의 구형이다. 적도 부근에서는 바로 위에서 태양 에너지를 받을 수 있지만 고위도인 북극이나 남극 지역에서는 비스듬하게 받아 면적에 대해 받는 에너지가 적다. 게다가 빙설에 의한 에너지가 반사 추가된다. 지표면이 빙설에 뒤덮여 있는 지역에서는 반사율이 80퍼센트에 달한다. 다시 말해 태양 에너지를 받기 어려운 극 지역은 빙설이 비축되고 그 때문에 반사율도 높아져 한랭화가 심화된다.

이처럼 적도 부근과 극 지역의 태양에서 받는 에너지의 차이는 매우 크다. 만약 열에너지가 이동하지 않으면 고위도 지역과 저위도 지역의 기온 차이는 100도나 될 것으로 추측된다. 그런데 이 거대한 온도 차이가 지구 전체의 대기를 움직이는 원동력으로 작용한다.

고위도 지역이 차가워지면 저위도 지역의 열에너지는 대기를 통해 고위도 지역으로 이동한다. 에너지 이동은 수평 방향으로도 일어나서 지구 전체의 기후를 조절하는 대기의 대순환 시스템을 구성하고 있다.

대기뿐 아니라 물도 마찬가지로 대순환을 한다. 데워진 저위도 지역의 해수는 고위도 지역으로 흐른다. 이것이 해양 대순환 시스템이다.

태양이야말로 지구 시스템을 지탱하는 엔진이라고 해도 과언이 아니다.

지구에 부는 6개의 바람

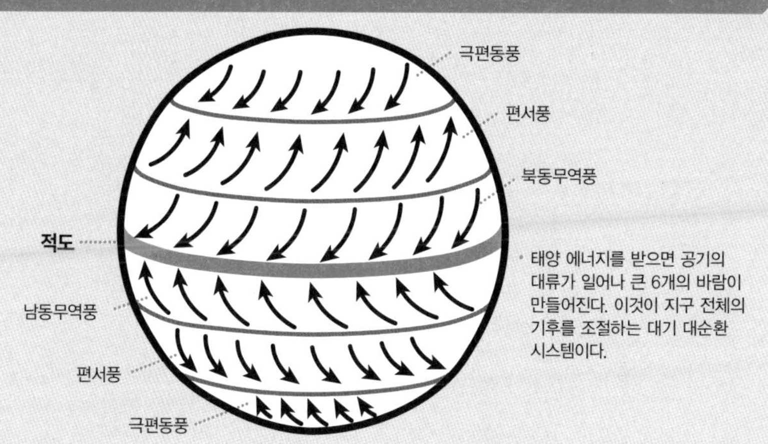

태양 에너지를 받으면 공기의 대류가 일어나 큰 6개의 바람이 만들어진다. 이것이 지구 전체의 기후를 조절하는 대기 대순환 시스템이다.

코리올리힘

프랑스의 물리학자 코리올리가 19세기에 처음으로 연구한 관성의 힘. 북반구에서는 바람의 궤도는 **오른쪽**으로 돌고 남반구에서는 **왼쪽**으로 돈다. 바람을 휘게 하는 힘을 코리올리힘이라고 한다.

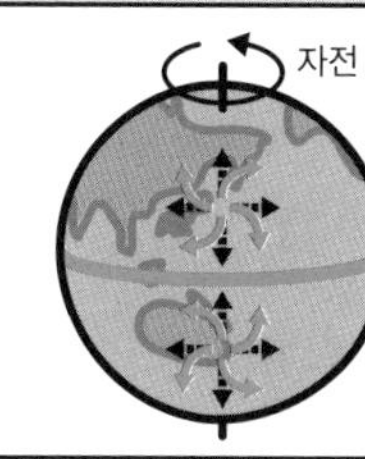

북반구에서는 동서남북 어느 방향으로 진행해도 오른쪽 방향으로 힘을 받는다.

남반구에서는 왼쪽 방향으로 힘을 받는다.

세계를 둘러싼 해류

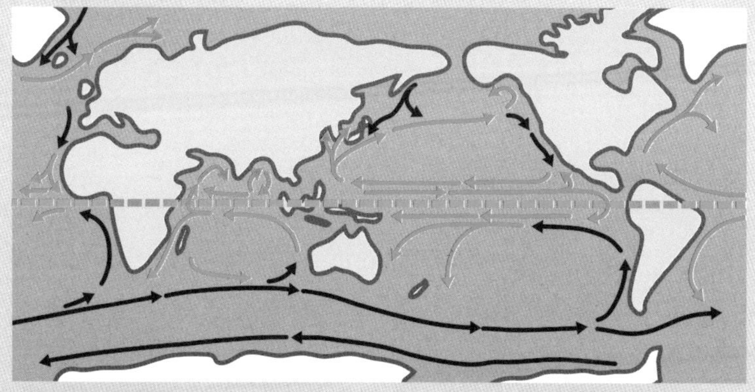

해류는 항상 일정 방향으로 흐르고 있고 적도를 사이에 두고 순환하고 있다. 해류에 의해서 운반되는 따뜻한 해수와 차가운 해수는 기후에도 영향을 미친다.

● 한류…… 주로 극지 방향에서 적도 부근 방면으로 흐르는 해류

● 난류…… 주로 적도 부근에서 극지 방향으로 흐르는 해류

23 지구온난화는 태양 때문일까?

최대 원인은 인간이 만들어낸 온실효과가스이다

태양은 태곳적부터 지구를 따뜻하게 해왔다. 더욱이 탄생에서 46억 년이 지난 현재 태양의 밝기는 탄생 당시에 비해 30퍼센트 늘었고 당연히 에너지도 증가했다. 태양에서 내리쬐는 에너지의 증감이 지구의 평균 기온을 변화시킬 가능성은 충분히 있다.

62~63쪽에서 설명했듯이 태양의 흑점 증감은 지구의 기후 변화와 관계가 있는 것을 알 수 있었다. 160년간의 태양 흑점 수와 지구의 평균 기온 변화를 살펴보면 19세기 후반부터 20세기 전반에 걸쳐서는 흑점 수가 많을 때는 평균 기온도 상승하여 양자의 상관성이 높은 것으로 판단된다. 그러나 지구의 평균 기온을 변화시키는 요인은 태양 에너지의 변화만은 아니다.

한때 프레온 가스에 의한 오존층 파괴로 태양광이 지상을 보다 강하게 내리쬐고 그것이 지구온난화를 초래한다고 여겼다.

성층권에 있는 오존층은 태양에서 나오는 자외선을 흡수해서 지구상의 생물을 보호하는 방어벽 기능을 하고 있다.

확실히 프레온 가스에 의해서 오존층이 파괴되면 태양광은 아주 극히 일부만 지상에 강하게 내리쬔다. 그러나 태양 에너지의 증가를 보면 0.01퍼센트 정도이다. 따라서 오존층 파괴가 직접적으로 지구온난화로 이어진다고는 할 수 없다. 그보다는 대기 중에 이산화탄소를 비롯한 온실효과가스가 증가하는 것이 기온 상승에 크게 영향을 미치고 있다. 현재로서는 이것이 지구온난화를 초래하는 가장 큰 원인으로 파악된다.

온실효과가스에 의한 지구온난화 메커니즘

온실효과가스가 적정한 지구

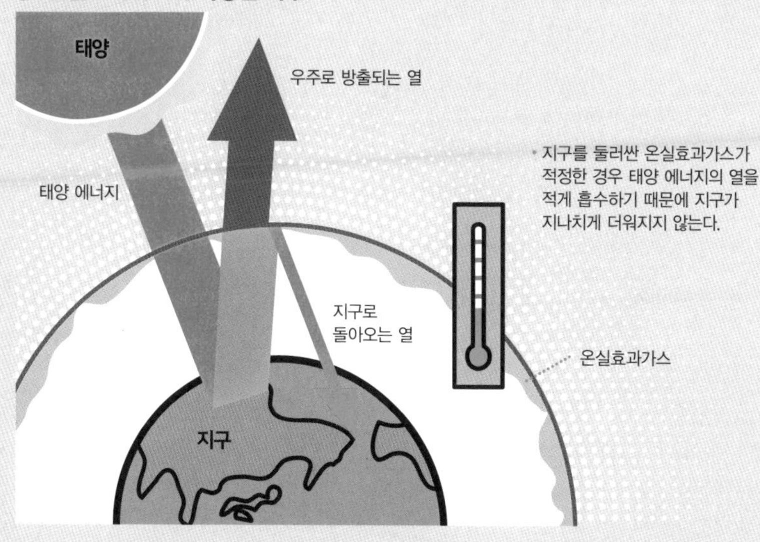

지구를 둘러싼 온실효과가스가 적정한 경우 태양 에너지의 열을 적게 흡수하기 때문에 지구가 지나치게 더워지지 않는다.

온실효과가스가 증가해서 온난화가 진행한 지구

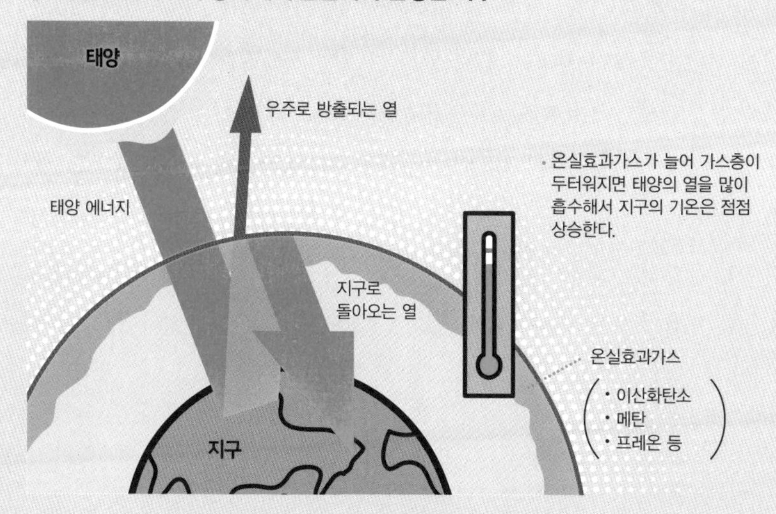

온실효과가스가 늘어 가스층이 두터워지면 태양의 열을 많이 흡수해서 지구의 기온은 점점 상승한다.

온실효과가스
- 이산화탄소
- 메탄
- 프레온 등

24 태양이 거대해지고 있다는데 사실일까?

태양이 수소를 다 사용하면 팽창해서 거대해진다

태양 중심부에서는 수소 원자 4개로부터 헬륨 원자 1개를 만드는 핵융합이 일어나고 있다. 1개의 헬륨 원자는 원래의 수소 원자 4개보다 아주 조금 가벼워지고, 뺏긴 질량은 태양의 막대한 에너지로 바뀐다. 핵융합 결과 태양의 중심부로 헬륨이 쌓여서 헬륨의 중심핵이 생긴다. 그러면 고온의 중심핵은 점점 무거워지고 고압이 되어, 마침내 헬륨의 중심핵은 자기 자신의 중력에 의해서 수축하고 찌그러진다.

대략 60억 년 후면 태양은 중심부의 수소를 다 사용해버릴 것으로 생각된다. 그러면 중심부의 핵융합은 멈추지만 바깥쪽에서는 계속해서 핵융합이 이어진다. 결과 중심부는 수축하고 바깥쪽은 팽창하기 시작한다. 팽창한 만큼 표면의 온도가 내려가서 빨갛게 된다. 이러한 상태가 된 항성을 적색 거성이라고 부른다.

밤하늘에 빨갛게 빛나는 전갈자리 안타레스와 오리온자리 베텔게우스도 적색 거성의 일종으로 나이 먹은 별이라는 표시이다.

대략 80억 년 후 태양은 외층이 지구의 공전 궤도 부근까지 팽창할 것으로 추정된다. 그 후 태양은 다시 불안정해져 팽창하거나 수축하면서 외층의 가스가 우주 공간으로 확산한다. 그리고 마지막에는 현재 태양의 100분의 1 정도의 크기가 되고 중심핵은 창백하게 빛나는 백색 왜성[1](矮星)으로 남는다.

1 **왜성(矮星)** 빛이 동일한 별 중에서도 발광량이 적고 크기도 작은 별

태양의 일생

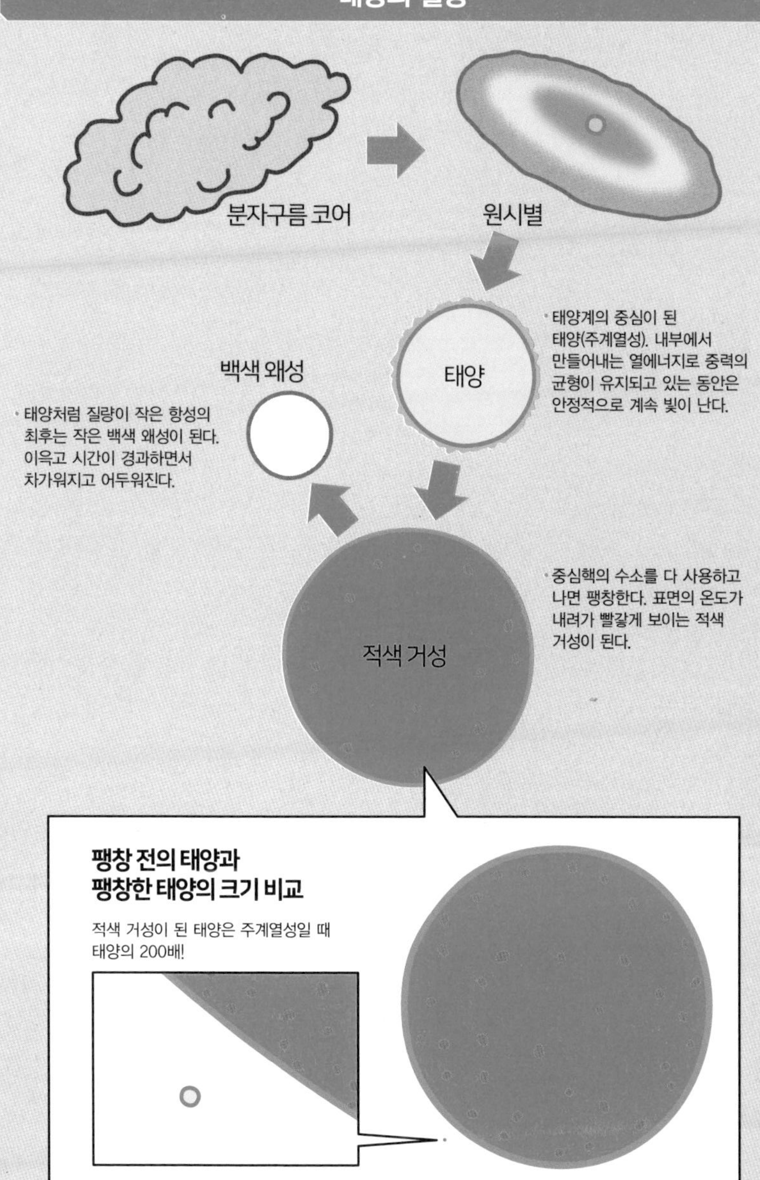
분자구름 코어
원시별
태양
태양계의 중심이 된 태양(주계열성). 내부에서 만들어내는 열에너지로 중력의 균형이 유지되고 있는 동안은 안정적으로 계속 빛이 난다.
백색 왜성
태양처럼 질량이 작은 항성의 최후는 작은 백색 왜성이 된다. 이윽고 시간이 경과하면서 차가워지고 어두워진다.
적색 거성
중심핵의 수소를 다 사용하고 나면 팽창한다. 표면의 온도가 내려가 빨갛게 보이는 적색 거성이 된다.
팽창 전의 태양과
팽창한 태양의 크기 비교
적색 거성이 된 태양은 주계열성일 때 태양의 200배!

태양계 바깥에서 온 기묘한 모습의 소천체
오우무아무아

2017년 10월 하와이의 천체 망원경이 태양계 바깥에서 태양에 근접해서 지나가는 혜성과 같은 천체를 발견했다. 당초 이 천체가 혜성과 같은 궤도를 갖고 있었기 때문에 국제천문학연합에서는 혜성의 하나로 생각했다.

태양계에서 발견된 소천체의 대부분은 태양 주위를 타원 궤도로 돌고 있다. 매우 먼 곳에서 찾아오는 일부 혜성도 매우 가늘고 긴 타원 궤도를 걷는다. 모두 태양의 중력에 이끌려서 주위를 돌고 있는 것이다. 그런데 하와이에서 발견된 천체의 궤도는 그렇지 않았다. 쌍곡선 궤도라고 해서 알파벳 U자와 같은 궤도였고, 이를 열린 궤도라고 한다.

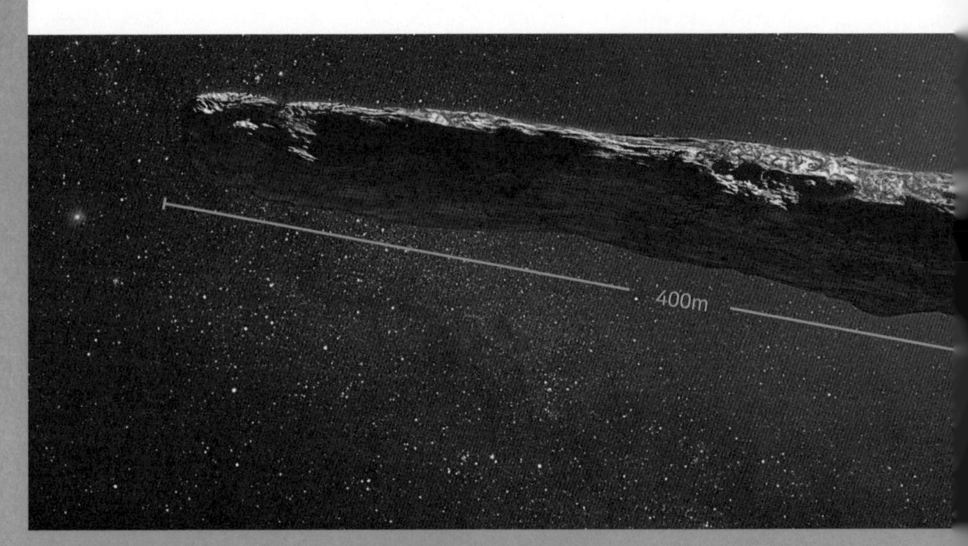

이번과 같은 열린 궤도를 가진 소천체의 발견은 처음 있는 일이었다. 왜냐하면 태양계의 천체라면 아무리 멀리에서 온 것이라도 타원형 궤도이기 때문이다. 즉 이 천체가 태양계 바깥에서 찾아왔다고 생각되는 이유이다.

놀랄 만한 일이었다. 이후의 관측 결과 매우 흥미로운 사실을 알게 됐다.

자전 주기는 8시간 정도. 길이 400미터에 폭 40미터에 불과했다. 태양계를 도는 소천체는 가늘고 길어도 길이는 폭의 3배 정도가 상식이다. 발견된 천체 정도로 극단적으로 가늘고 긴 것은 지금까지 없었다. 자연의 천체로서는 상당히 기묘한 형태를 하고 있기 때문에 어쩌면 우주인에게 버림받은 건조물은 아닌가 하는 소문까지 나돌 정도였다.

기묘한 태양 밖 천체의 통칭은 오우무아무아(Oumuamua)가 됐다.

하와이어에서 유래하는 언어로 오우는 손을 뻗다(내밀다), 무아는 최초라는 의미이다. 무아를 거듭 강조해서 태양계 바깥에서 찾아온 메시지라는 의미가 담겨 있다.

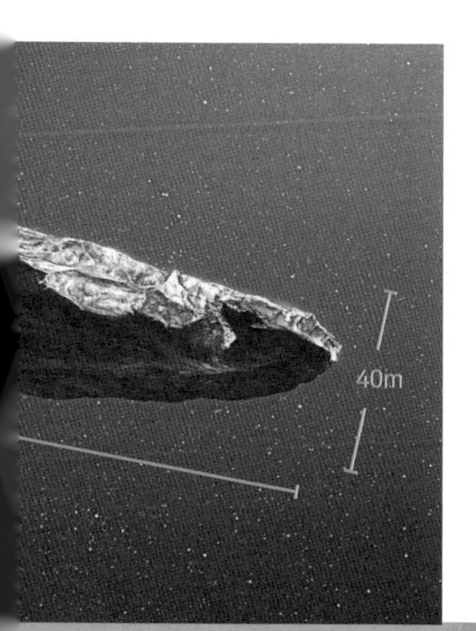

태양계 바깥에서 찾아온 것으로 여겨지는 소천체 오우무아무아의 상상도. 우주선에 가장 적합한 엽권형(葉巻型) 모습은 미지의 생물에 대한 상상을 불러일으킨다.

ⓒEuropean Southern Observatory/M.Kornmesser

최신 우주 토픽

목성의 위성에서도 간헐천이 발견됐다!

2016년 9월 미국 항공우주국(NASA)은 목성의 위성 중 하나인 유로파(Europa)의 여러 곳에서 물이 분출하고 있는 화상을 포착했다고 발표했다. 허블 우주 망원경의 관측으로 판명됐다.

지구 이외의 천체에서 물 분출이 발견된 이 사건은 큰 주목을 받았다.

유로파는 목성 주위를 3일 하고도 13시간에 걸쳐서 돌고 있다. 공전 궤도가 목성에서 가장 먼 곳에서 물 분출이 활발하다고 한다. 즉 간헐천과 같이 분출하는 것이다. 다만 물이 분출하는 높이는 우리들이 아는 간헐천과는 크게 달라 약 200킬로미터에 달한다.

58쪽에서 설명한 바와 같이 토성의 위성 엔켈라두스에도 간헐천이 있는 것으로 알려져 있다. 엔켈라두스의 간헐천 샘플에서는 염류와 유기분자, 수소분자 등이 발견됐다.

이것은 엔켈라두스 해저에 상당히 따뜻한 장소가 있고 해수와 암석이 접해 있다는 사실을 말해준다.

이러한 점에서 목성의 위성 유로파도 엔켈라두스와 마찬가지로 지구 외 생명에 대한 기대가 높아지고 있다.

NASA는 향후 2020년대에 유로파 탐사를 계획하고 있어 향방이 주목된다.

제 4 장

지구의 동료 _태양계 행성의 민낯

25 태양계 행성은 어떻게 생겨났을까?

가스와 먼지가 모인 원시 행성계 원반에서 잇따라 탄생했다

지금으로부터 대략 46억 년 전 우리 은하의 한쪽 구석에서 초신성 폭발이 일어나 우주 공간에 대량의 가스와 먼지가 방출됐다. 가스와 먼지가 재료가 되어 분자구름이 생겨났다. 그중에서 밀도가 진한 부분을 분자구름 코어라 부른다. 분자구름 코어는 회전하고 있고 가스와 먼지가 수축하면서 회전 속도가 빨라진다. 그러면 원심력이 작용해서 편평하고 거대한 원반 모양이 되는데, 이것이 원시 행성계 원반이다.

마침내 원반의 중심부가 고온 · 고압이 되어 빛을 내며 원시 태양이 됐다. 그리고 원시 태양 주위에 있는 가스와 먼지는 점점 차가워져 많은 작은 덩어리를 형성한다. 그 덩어리가 충돌과 합체를 반복해서 이윽고 작은 천체가 된다. 이렇게 해서 태어난 것이 미행성이다. 미행성은 원시 행성계 원반의 가스 안에서 태양 주위를 공전하면서 충돌을 반복해서 크기를 부풀리고 원시 행성으로 성장했다.

태양 가까이의 미행성은 중심핵을 가진 수성, 금성, 지구, 화성 같은 지구형 행성(암석형 행성)이 됐다. 태양에서 떨어진 미행성은 암석과 얼음의 행성으로 형성된 코어를 중심으로 갖고 코어 주위에 대량의 수소와 헬륨이 들러붙은 목성형 행성(거대 가스 행성)이 됐다. 목성과 토성이 이에 해당한다.

이보다 태양에서 더 떨어진 곳에서는 얼음과 암석 주위에 조금의 가스가 있는 천왕성형 행성(거대 얼음 행성)이 됐다. 바로 천왕성과 해왕성이다.

그러면 태양계의 행성이라는 것은 어떤 천체를 말하는 걸까? 2006년 국제천문연맹총회에서 다음과 같이 정의했다.

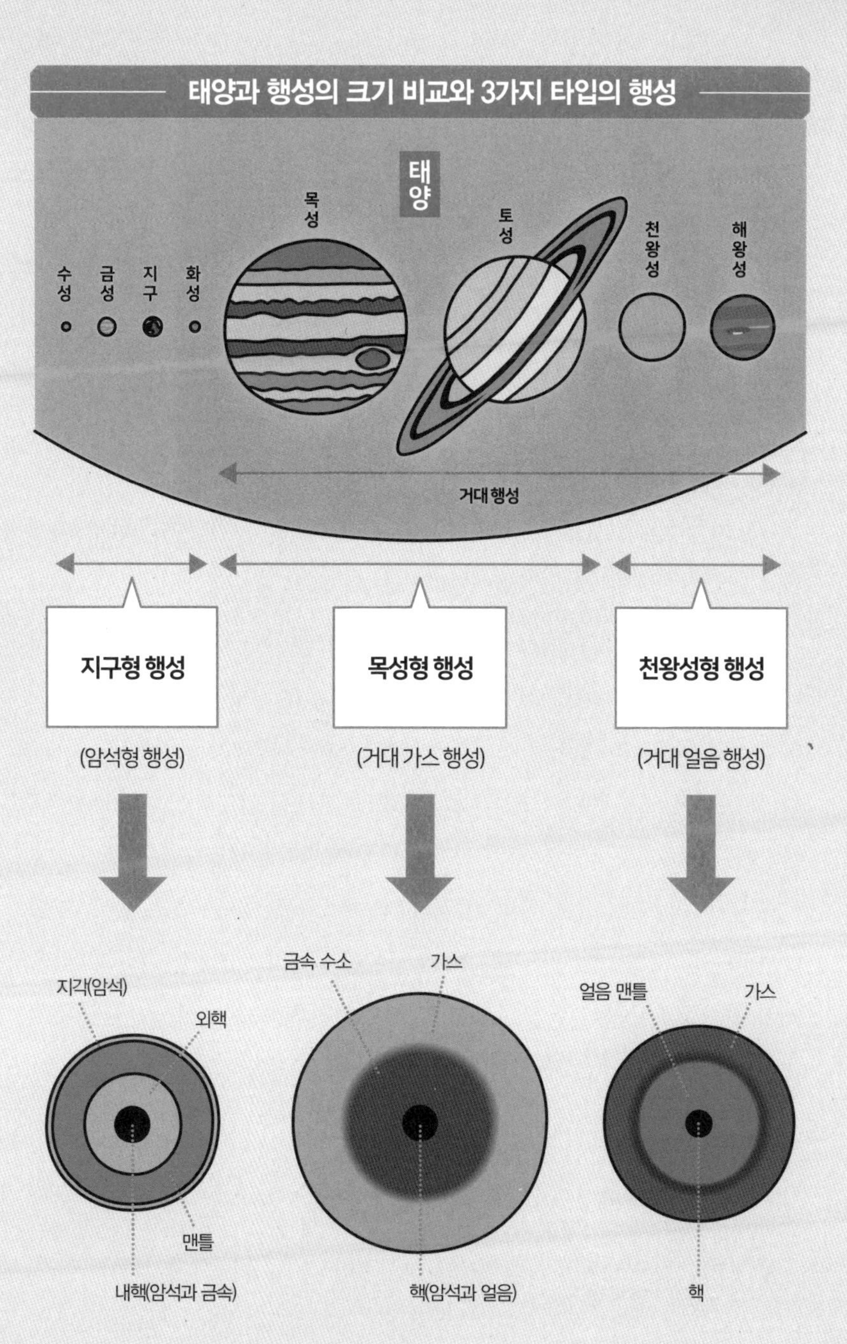
태양과 행성의 크기 비교와 3가지 타입의 행성
태양
목성
토성
천왕성
해왕성
수성
금성
지구
화성
거대 행성
지구형 행성
목성형 행성
천왕성형 행성
(암석형 행성)
(거대 가스 행성)
(거대 얼음 행성)
지각(암석)
외핵
맨틀
내핵(암석과 금속)
금속 수소
가스
핵(암석과 얼음)
얼음 맨틀
가스
핵

① 태양 주위를 돌고 있을 것

② 충분히 무겁고 중력이 강하기 때문에 구형을 하고 있을 것

③ 궤도 주변에서 유독 크고 다른 유사 크기의 천체가 존재하지 않을 것

1930년에 발견된 명왕성은 태양계 제9행성으로 간주됐으나 ①과 ②에는 해당하지만 ③에는 해당하지 않아 왜행성으로 취급하기로 한 바 있다.

태양계는 태양에 가까운 쪽부터 순서대로 수성, 금성, 지구, 화성, 목성, 토성, 천왕성, 해왕성 8개의 행성으로 구성되어 있다. 이외에 화성의 궤도와 목성의 궤도 사이에는 소행성대가 존재하고 있다.

소행성대에는 무수한 천체가 존재하고 있지만 평소 우리들이 행성이라고 부를 정도의 크기는 아니다. 일본의 소행성 탐사선 하야부사(hayabusa, 매)가 착륙하여 샘플을 갖고 돌아와서 유명해진 이토카와(Itokawa)[1]도 이 소행성대에서 태어났다. 길이 약 540미터의 실로 작은 천체이다.

그러면 태양계의 범위는 어디까지일까? 해왕성 바깥쪽은 에지워스 카이퍼 벨트(Edgeworth-Kuiper belt)[2]라는 소천체 띠가 확산되어 있다. 명왕성도 여기에 포함된다.

에지워스 카이퍼 벨트 천체는 태양계가 형성되는 초기 단계 이후 미행성에서 충분히 성장하지 못한 얼음이 주성분인 소천체라고 생각된다. 에지워스 카이퍼 벨트 바깥쪽에는 오르트 구름이 확산되어 있고 혜성의 고향으로 추정된다. 여러 가지 설이 있지만 여기까지가 태양계라고 불린다.

---

1 **이토카와(Itokawa, 糸川)** 아폴로군에 속하는 소행성으로 화성 횡단 소행성이기도 하다. 일본 우주 개발의 아버지로 알려져 있는 이토카와 히데오가 이름의 유래이다.

2 **카이퍼 벨트(Kuiper Belt)** 태양계의 해왕성 궤도(태양에서 약 30au)보다 바깥이며, 황도면 부근에 천체가 도넛 모양으로 밀집한 영역이다.

태양에서 태양계 각 행성까지의 거리

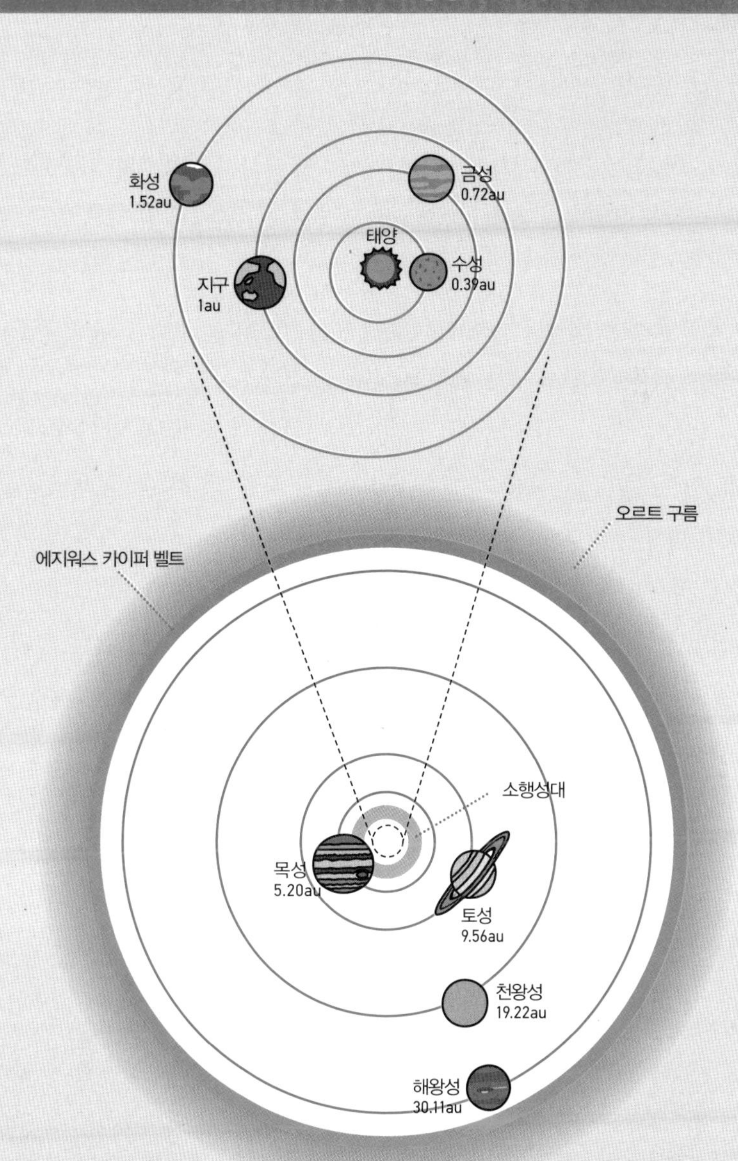

26 태양에서 가장 가까운 수성은 뜨겁다는데 사실일까?

일사를 받는 곳은 400도나 된다

태양에서 가장 가까운 공전 궤도로 돌고 있는 것이 수성이다. 태양계 중에서는 가장 작은 행성이지만, 평균 밀도는 지구 다음으로 수치가 높다. 이 점에서 볼 때 수성은 철과 같은 무거운 재료로 만들어져 있고 중심부는 행성 반경의 75~80퍼센트를 차지하는 금속의 핵이 있을 것으로 추정된다. 작지만 엄청 무거운 행성이다.

수성이 이 정도로 큰 핵을 갖고 있는 것은 원시 행성이었을 때 수성에 거대한 천체(수성의 절반 정도의 반경을 가진 천체)가 충돌하면서 암석을 주성분으로 하는 맨틀 부분이 날아갔기 때문으로 추측된다.

수성은 태양에 가장 가까운 만큼 태양의 일사를 받는 곳은 400도에 달하는 반면 반대쪽은 영하 160도까지 내려간다. 대기가 지구의 1조분의 1 정도로 매우 희박하여 기온을 유지할 수 없기 때문에 자전이 느려서 밤이 길며 야간에 방사 냉각이 일어나기 때문이다.

수성 표면에는 달 표면과 같은 크레이터를 수많이 볼 수 있다. 가장 큰 크레이터는 수성 직경의 4분의 1 이상, 1,300킬로미터 남짓 길이의 칼로리스 분지이다. 이것은 직경 100킬로미터는 될 법한 소행성이 충돌해서 형성된 것으로 보인다. 충돌한 것이 가장 큰 천체라면 수성 자체가 파괴됐을지 모를 일이다.

그렇다고 해도 수성은 화성과 금성 등에 비해 존재감이 희박하다. 그도 그럴 것이 태양의 빛이 방해를 해서 그 모습을 지상에서 보는 것은 좀처럼 불가능하기 때문이다.

수성의 모습과 구조

NASA/Johns Hopkins University Applied Physics Laboratory/Carnegie Institution of Washington

핵(철 · 니켈 합금)

지각(규산염)

맨틀(규산염)

수성 데이터

- ·적도 반경 : 2,440킬로미터
- ·질량(지구 = 1) : 0.055
- ·궤도 장반경(지구 = 1) : 0.387
- ·공전 주기 : 87.97일
- ·자전 주기 : 58.65일
- ·태양에서의 방사량(지구 = 1) : 6.67

지형

무수히 많은 크레이터로 뒤덮여 있으며 달과 비슷한 지형이다.

(NASA/Johns Hopkins University Applied Physics Laboratory/ Carnegie Institution of Washington)

광대한 칼로리스 분지

광범위로 새하얗게 보이는 부분이 칼로리스 분지. 2008년 1월에 메신저가 촬영했다.

(NASA)

27 왜 금성은 지구와 쌍둥이 행성이라고 불릴까?

용모와 자태가 비슷하나 내용물은 전혀 다르다

금성은 지구와 거의 같은 직경과 밀도로 된 행성이다. 이 점에서 금성은 지구와 쌍둥이 행성이라고 불리기도 한다. 그런데 행성의 표면 상황은 전혀 다르다. 지구 표면은 액체인 물이 존재할 수 있는 온난한 환경이지만 금성은 표면 온도가 500도 가까이에 달하는 작열하는 행성이다.

두 행성의 명운을 가른 것이 태양으로부터의 거리이다. 태양에서 금성까지의 거리는 0.72au이다. 즉 지구보다 4,200만 킬로미터 정도 태양에 가깝다는 얘기다. 이 거리가 두 행성의 환경에 크게 작용하고 있다.

미행성의 충돌 · 합체로 탄생한 금성과 지구 두 행성 모두 형성 초기 무렵에는 행성 전체가 끈적끈적 녹은 마그마 바다 상태였다.

당시만 해도 두 행성에 수증기 형태로 물이 대기 중에 존재했다. 그러나 태양에서 거리가 가까운 금성에서는 온도가 너무 높아 수증기가 액체인 물로 되지 못했을 것으로 생각된다.

현재 금성의 대기압은 95기압으로 지구 대기 총중량의 대략 100배나 되는 기체에 둘러싸여 있다. 그리고 그중 96퍼센트가 온실효과가 높은 이산화탄소이고 나머지도 질소와 수증기이다.

다시 말해 금성은 강한 온실효과가스로 뒤덮여 있다. 또한 금성의 특징 중 하나가 자전이 지구와 반대 방향이라는 점을 들 수 있다.

자전이 역방향인 이유는 두꺼운 대기와의 상호작용이 원인인 것으로 생각할 수 있지만 아직 명확한 해답은 얻지 못했다.

금성의 모습과 구조

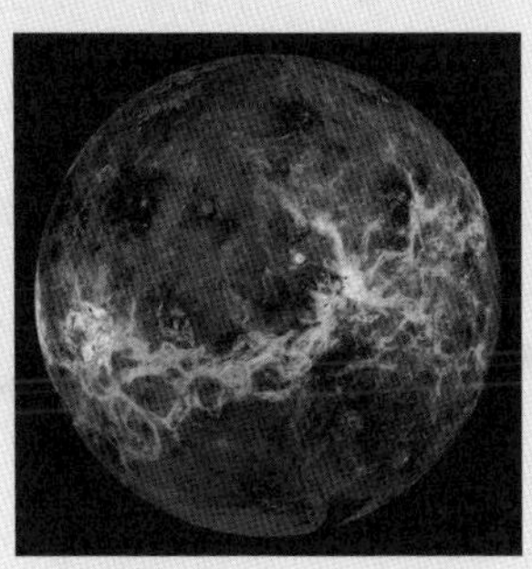

NASA/JPL

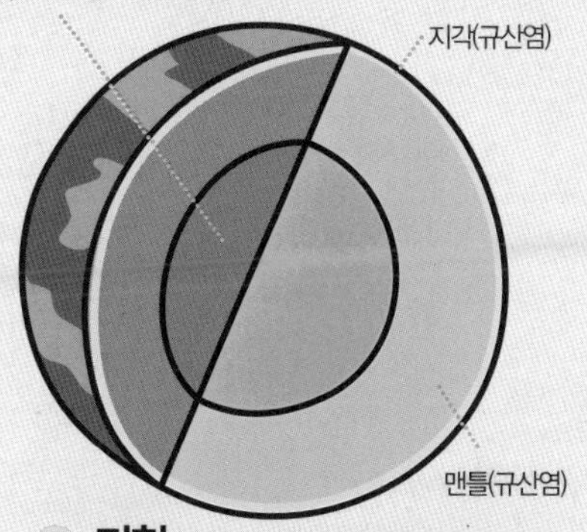

금성 데이터

- 적도 반경 : 6,052킬로미터
- 질량(지구 = 1) : 0.815
- 궤도 장반경(지구 = 1) : 0.723
- 공전 주기 : 224.7일
- 자전 주기 : 243일(반대 방향)
- 태양에서의 방사량(지구 = 1) : 1.91

지형

지표의 대부분은 용암에 덮여 있다. 사진은 탐사기 마젤란이 촬영한 표고 8킬로미터의 마트몬즈(MaatMons) 산
※화상은 쉽게 알아보도록 세로 방향을 22.5배로 했다.
(NASA/JPL)

두터운 구름에 뒤덮인 금성의 대기

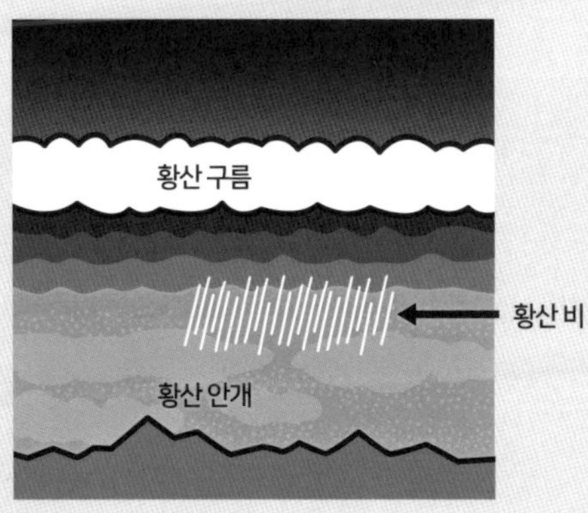

대기 중 이산화탄소와 이산화유황 등이 태양 빛에 화학반응을 일으켜서 두터운 황산 구름을 만들었다.

28 화성에 물이 있었다는데 사실일까?

많은 탐사기가 증거를 발견했다

화성은 지구의 질량을 1로 하면 0.1074 정도밖에 되지 않는 작은 행성이다. 망원경으로 보면 새빨갛게 타는 것처럼 보이지만, 실은 표면의 모래에 함유되어 있는 녹이 슨 철의 색이다.

포보스와 다이모스라는 2개의 위성을 갖고 있다. 모두 직경 수십 킬로미터로 작고 구형이 아니라 비뚤어진 형태를 하고 있다.

화성과 지구는 조금 비슷하다. 화성의 자전축은 25.2도 경사져 있고 지구와 마찬가지로 사계절이 있다. 자전 주기는 하루 24시간 39분으로 지구의 하루와 큰 차이가 없으며 태양 주위를 도는 공전 주기는 687일로 지구의 2배 정도이다.

지표의 평균 기온은 영하 50도로 낮지만 여름철 적도 부근에서는 20도까지 상승하는 일도 있다. 한편 극 지역은 영하 130도의 저온일 때도 있다.

화성의 대기는 매우 희박하고 기압은 지구의 0.6퍼센트에 불과하다. 대기 성분은 95퍼센트가 이산화탄소이고 그 외에 질소와 아르곤, 미량의 산소 등이 함유되어 있다. 화성에는 많은 탐사기가 보내졌다. 그 결과 물이 흘러서 생긴 것으로 추정되는 퇴적암과 같은 암석 등도 발견됨에 따라 일찍이 액체인 물이 대량으로 존재했던 것으로 밝혀졌다.

물의 일부는 지하로 스며들어 현재도 얼음 상태로 지하 깊이 존재하고 있을 가능성이 있다.

또한 탐사기가 상공에서 관찰한 영상을 보면 지하의 얼음이 녹아 물이 흐른 것처럼 보이는 줄기 모양(筋狀)이 여러 개 발견됐다.

화성의 모습과 구조

NASA/JPL/USGS

핵(철 · 니켈 합금, 산화철)
지각(규산염)
맨틀
(산화철에 풍부한 규산염)

화성 데이터

- 적도 반경 : 3,397킬로미터
- 질량(지구 = 1) : 0.107
- 궤도 장반경(지구 = 1) : 1.524
- 공전 주기 : 686.98일
- 자전 주기 : 1.026일
- 태양에서의 방사량(지구 = 1) : 0.43

지형

2004년 1월 화성 로버가 촬영한 평원. 지표는 산화철을 많이 함유한 모래 섞인 먼지(砂塵)로 뒤덮여 있기 때문에 빨갛게 보인다. (NASA/JPL/Cornell)

지표에 새겨진 물이 흐른 흔적

뉴튼 크레이터의 안쪽 벽 사면에는 몇 가닥의 세로 선이 새겨져 있다. 지하에서 스며 나온 물줄기가 침식되어 생긴 것으로 보인다.
(NASA/JPL/MSSS)

29 목성의 무늬 모양은 무엇일까?

제트 기류에 의해서 생긴 무늬이다

목성은 태양계에서 가장 거대한 행성이다. 93퍼센트의 수소와 7퍼센트의 헬륨으로 구성되며 질량은 지구의 대략 318배나 된다. 암석과 얼음의 미행성에 의해서 형성된 코어를 중심으로 주위에 대량의 수소가 휘감긴 구조를 하고 있다. 코어의 추정 값은 모델에 따라서 큰 차이가 있다.

목성 내부의 대부분을 차지하는 것으로 추정되는 수소가 고온 · 고압 상태에 있을 때 정확한 밀도 값을 알 수 없기 때문이다. 때문에 목성은 코어가 매우 작거나 혹은 코어가 존재하지 않을 가능성도 있다. 이 점에 대해서는 아직 결론을 내리지 못하고 있다.

목성의 특징이라고 하면 표면의 호 모양일 것이다. 무늬는 위도대별로 제트 기류를 따라서 동서 방향으로 서로 다른 모양을 하고 있다. 또 어둡게 보이는 호에서는 주로 하강 기류가, 하얗게 보이는 호에서는 상승 기류가 발생하고 있다. 이 모든 조건들에 의해서 그렇게 아름다운 모양을 하고 있는 것이 있다.

17세기에 갈릴레오 갈릴레이가 목성의 위성을 4개 발견했다. 달 이외에 위성이 발견된 것은 처음 있는 일이었기 때문에 4개의 위성은 갈릴레오 위성이라고 불리게 됐다.

현재까지 목성의 위성은 67개나 발견되었으며 갈릴레오 위성이라 불리는 이오, 유로파, 가니메데, 칼리스토는 달과 같거나 또는 능가하는 크기이다.

1979년 9월에 쏘아올린 NASA의 무인우주탐사 위성 보이저 1호에 의해서 목성에도 고리가 존재한다는 사실을 알게 됐다.

목성의 모습과 구조

NASA/JPL/USGS

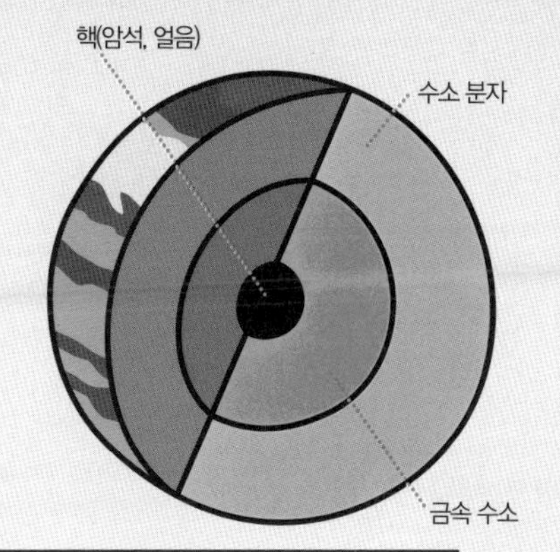

목성 데이터

- 적도 반경 : 7만 1,492킬로미터
- 질량(지구 = 1) : 317.83
- 궤도 장반경(지구 = 1) : 5.203
- 공전 주기 : 11.86년
- 자전 주기 : 0.414일
- 태양에서의 방사량(지구 = 1) : 0.037

모양

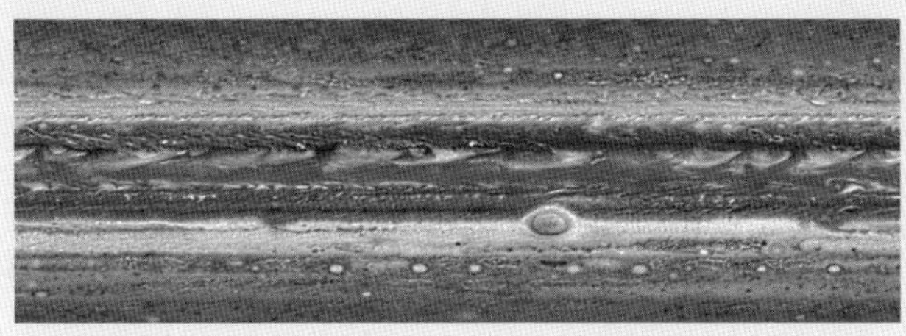
아름다운 무늬 모양은 암모니아 입자가 만드는 구름이 제트 기류를 타고 흘러 만들어진 것
(NASA/Johns Hopkins University Applied Physics Laboratory/Southwest Research Institute)

갈릴레오가 발견한 4개의 위성

왼쪽부터 이오, 유로파, 가니메데, 칼리스트. 이오를 제외한 3개의 위성에는 지하에 바다가 있어 생명이 존재할 가능성이 있다. (NASA/JPL/DLR)

30 토성의 고리는 무엇으로 만들어졌을까?

작은 얼음 입자가 모여 거대한 고리가 생겼다

태양계 중에서 목성에 이어 두 번째 크기를 가진 행성이 토성이다. 지구 직경의 약 9배, 체적은 약 755배이지만 질량은 약 95배밖에 되지 않는다. 평균 밀도는 태양계 중에서 가장 작은 행성이다. 수소를 주성분으로 하는 두꺼운 대기에 덮여 있고 중심부에는 목성과 마찬가지로 암석과 얼음의 미행성에 의해서 형성된 코어가 있는 것으로 여겨진다.

토성은 하루 약 10시간의 주기로 자전하고 있고, 고속 회전으로 생긴 원심력에 의해서 적도 반경이 극반경보다 10퍼센트나 크게 팽창되어 있다.

토성의 가장 큰 특징은 거대한 고리이다. 천체 망원경으로 관찰하면 고리는 매우 아름다운 판상의 원반처럼 보인다. 다양한 탐사기로 관측한 결과 방대한 수의 작은 얼음 덩어리가 원반상으로 분포하고 있는 것으로 밝혀졌다. 토성의 고리는 직경 30만 킬로미터 범위까지 확산되어 있지만 두께는 평균 10미터 정도로 매우 얇은 것으로 알려져 있다.

고리는 어떻게 해서 생겼을까? 주로 아래의 2가지 설을 생각할 수 있다.

하나는 토성이 형성될 당시 주위에 생긴 원반상 가스와 먼지를 기원으로 하고 있다는 설이다.

또 하나는 소천체가 토성의 위성에 부딪혀 분쇄된 파편이 적도 부근에 모여 형성됐다는 설이다.

현재는 후자의 설이 유력시되고 있지만 2가지 설 모두 가설에 불과하다.

토성의 모습과 구조

NASA and The Hubble Heritage(STScl/AURA) Acknowledgement:R.G.French(Wellesley College), J.Cuzzi(NASA/Ames), L.Dones(SwRI), and J.Lissauer(NASA/Ames)

토성 데이터

- 적도 반경 : 6만 268킬로미터
- 질량(지구 = 1) : 95.16
- 궤도 장반경(지구 = 1) : 9.555
- 공전 주기 : 29.46년
- 자전 주기 : 0.444일
- 태양에서의 방사량(지구 = 1) : 0.011

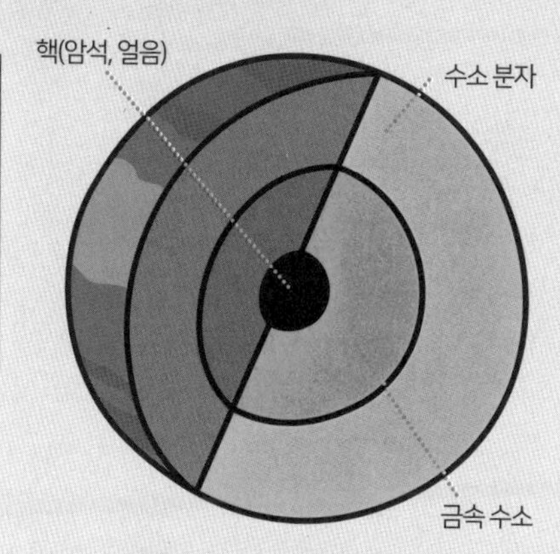

고리

고리는 1,000개 이상의 가는 고리의 집합이다.
틈새는 위성의 중력에 의해서 만들어졌다.
(NASA/JPL-Caltech/SSI)

토성의 고리 이미지

1977년에 쏘아올린 보이저 탐사기의 조사에 의해 고리는 주로 작은 얼음 입자로 돼 있는 것이 규명됐다.
(NASA/JPL/University of Colorado)

31 천왕성은 가로로 누워 공전하고 있다는데 사실일까?

거대한 천체의 충돌로 자전축이 기울었다

천왕성은 태양계에서 목성, 토양에 이어서 세 번째로 크다. 천왕성에 존재하는 얼음의 주성분은 물, 메탄, 암모니아 등이지만 대기에도 2퍼센트 정도 메탄이 함유되어 있기 때문에 그것이 빨간 빛을 흡수해서 천체 전체가 옅은 청록색으로 빛나 보인다.

천왕성의 가장 큰 특징은 공전면에 대해 자전축의 각이 약 97.8도나 기울어 있다는 점이다. 즉 천왕성은 가로로 기운 상태에서 자전하며 태양의 주위를 공전하고 있는 셈이다.

이런 상태가 된 것은 거대한 천체가 충돌해서 천왕성의 자전축을 기울게 했기 때문이라고 생각되지만 어떤 충돌이었는지는 아직 밝혀지지 않았다. 덧붙이면 다른 태양계 행성의 자전축 기울기를 보면 수성은 거의 0도, 지구는 23.4도, 화성은 25.2도, 토성은 26.7도이다. 천왕성의 자전축이 얼마나 기울어 있는지 알겠는가.

천왕성에 접근한 것은 1977년 8월에 쏘아올린 NASA의 무인 우주탐사기 보이저 2호 단 1호기뿐이다. 그때 촬영한 화상은 현재까지도 천왕성을 이해하는 귀중한 자료가 되고 있다. 또한 천왕성의 위성은 현재 27개로 확인되지만 이들 위성은 기울어진 행성의 적도면을 공전하고 있는 것으로 알려져 있다.

행성이 생기고 난 이후에 기울어진 거라면 남겨진 위성은 극 방향을 돌아야 할 테지만 그렇지 않다. 따라서 충돌이 여러 차례 있었다는 설이 설득력을 얻고 있다.

천왕성의 모습과 구조

NASA/JPL-Caltech

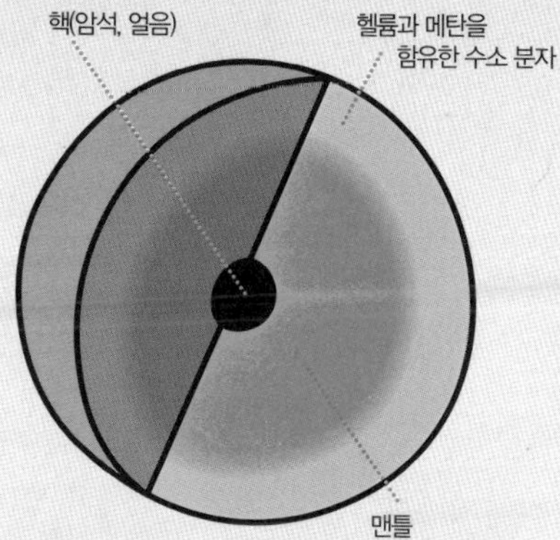

천왕성 데이터

- 적도 반경 : 2만 5,559킬로미터
- 질량(지구 = 1) : 14.54
- 궤도 장반경(지구 = 1) : 19.218
- 공전 주기 : 84.02년
- 자전 주기 : 0.718일
- 태양에서의 방사량(지구 = 1) : 0.0027

고리

보이저의 탐사로 11개의 고리가 확인됐지만 어떤 구조인 지는 아직 알 수 없다. (NASA/JPL)

천왕성의 가로 드러누운 현상

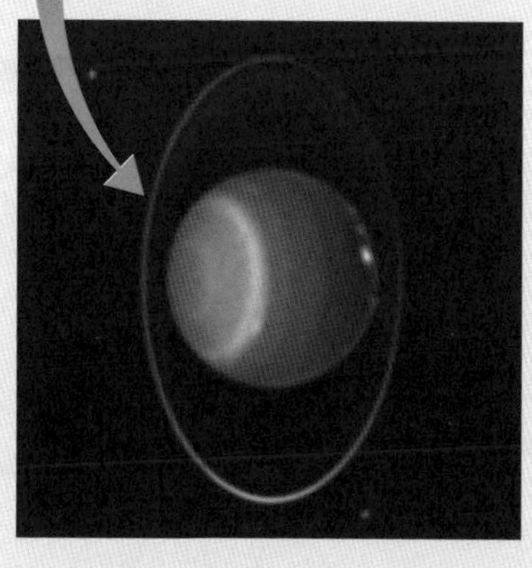

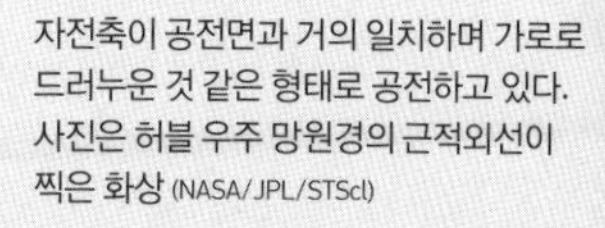
자전축이 공전면과 거의 일치하며 가로로 드러누운 것 같은 형태로 공전하고 있다. 사진은 허블 우주 망원경의 근적외선이 찍은 화상 (NASA/JPL/STScl)

32 해왕성은 여전히 모르는 점이 많다?

보이저 2호의 활약으로 많은 수수께끼가 풀렸다

태양계 행성 중에서 태양으로부터 가장 먼 위치에서 공전하고 있는 것이 해왕성이다. 해왕성은 천왕성과 같은 구조를 하고 있다는 점에서 천왕성형 행성으로 분류되며 직경은 지구의 3.88배나 된다.

대기는 수소 80퍼센트, 헬륨 19퍼센트, 메탄 1.5퍼센트로 구성되며 메탄이 적색 빛을 흡수하여 해왕성 역시 행성 전체가 청색을 띠고 있다. 태양에서 나오는 빛도 약하기 때문에 대기 온도는 영하 200도를 밑돈다.

해왕성에 근접한 적이 있는 탐사기는 보이저 2호뿐이다. 따라서 해왕성에 관한 자료의 대부분은 1989년 8월 이 탐사기가 해왕성에 가장 가까이 접근했을 때 관측한 것이다.

보이저 2호가 촬영한 해왕성의 대기에는 줄기 모양이 보였다. 고속의 대기에 의해서 길게 늘어진 구름으로 적도 부근의 기류는 초속 300미터를 넘을 것으로 보인다. 또한 보이저 2호는 해왕성의 위성 중에서 가장 규모가 큰 트리톤에도 접근하여 위성의 상세한 자료를 지구에 전송했다. 이를 통해 트리톤에서는 액체 질소와 메탄 연기를 뿜어내는 얼음화산이 활동하고 있는 것으로 밝혀졌다.

달과 비슷한 크기의 천체인 트리톤의 가장 큰 특징은 역행(逆行) 위성이라는 점이다. 역행 위성이라는 것은 공전 방향이 행성의 공전과 반대 방향인 위성을 말하며 태양계에서는 목성에 4개, 토성에 1개, 해왕성에 1개가 발견됐다. 그중에서도 단연 큰 것이 트리톤이다.

해왕성의 모습과 구조

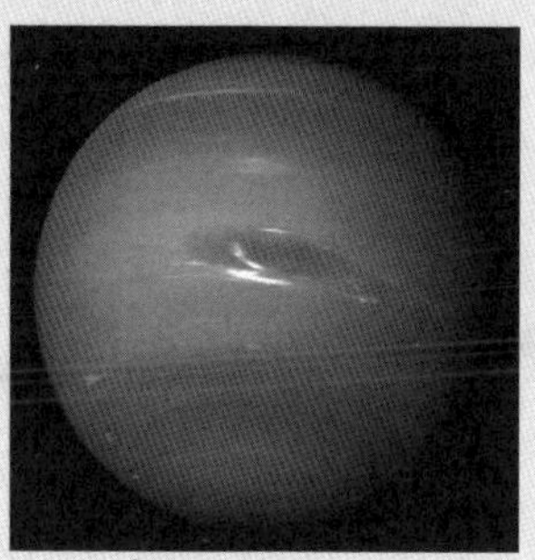
NASA/JPL

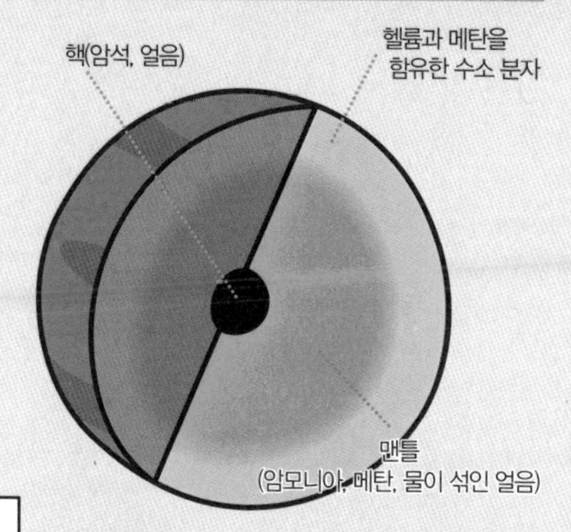

해왕성 데이터

- 적도 반경 : 2만 4,764킬로미터
- 질량(지구 = 1) : 17.15
- 궤도 장반경(지구 = 1) : 30.110
- 공전 주기 : 164.77년
- 자전 주기 : 0.671일
- 태양에서의 방사량(지구 = 1) : 0.0011

모양

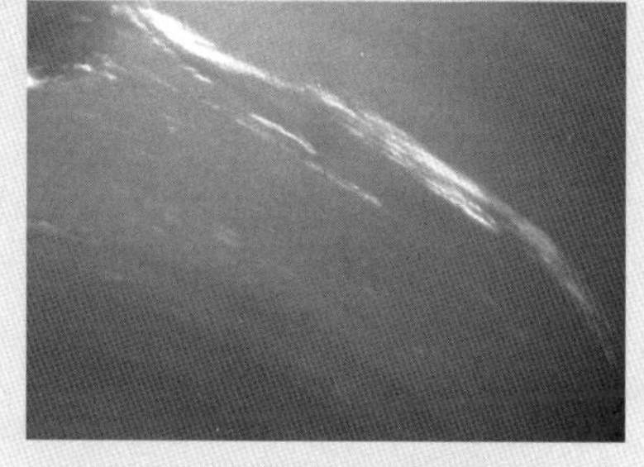
보이저 탐사기가 흰색 줄기 모양을 촬영했다. 이것은 구름이 고속 기류에 의해 늘어져서 생긴 것으로 추정된다. (NASA/JPL)

얼음화산이 활동하는 위성 트리톤

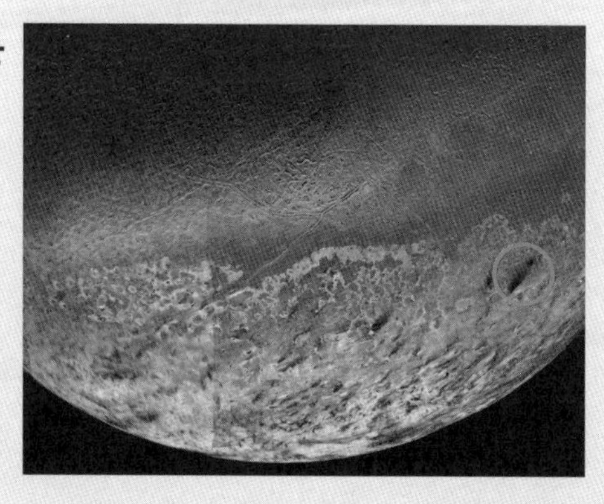
지표의 온도는 매우 낮은 -235℃. 오른쪽의 ○로 둘러싼 곳은 얼음을 함유한 가스를 뿜어내는 화산으로 이곳에서 연기가 확인됐다. (NASA/JPL)

33 명왕성은 어떤 천체일까?

뉴 호라이즌이 상세 자료를 수집했다

명왕성이 왜행성으로 격하됐다는 사실은 78~79쪽에서 언급했다. 명왕성의 크기는 태양계 내 어느 행성보다 작고 직경은 지구 직경의 18퍼센트 정도에 불과하다. 궤도도 태양계 행성과 비교하면 전혀 다른 크게 일그러진 타원형이며 태양 주위를 공전하는 데 248년이 소요된다.

2006년 1월 명왕성을 포함한 태양계 외연(外緣) 천체 탐사를 수행하는 NASA의 무인 탐사기 뉴 호라이즌이 발사됐고 2015년 7월에 명왕성과 그 위성 카론에 초접근해서 시시각각 상세한 자료를 전송했다. 카론의 지표도 그때 명확하게 관찰할 수 있었다. 극 지방에는 유기물질이 축적된 적갈색 퇴적물이, 적도 부근에는 위성을 가로지르는 것처럼 달리는 단애 등이 확인됐다.

명왕성과 위성 카론

뉴 호라이즌이 촬영한 명왕성(오른쪽)과 카론(왼쪽)의 화상을 합성한 사진. 크기는 거의 정확하게 비교되어 있다. 카론은 위성치고는 거대하므로 거대한 충돌로 만들어졌을 가능성도 제기되고 있다.
(NASA/Johns Hopkins University Applied Physics Laboratory/Southwest Research Institute)

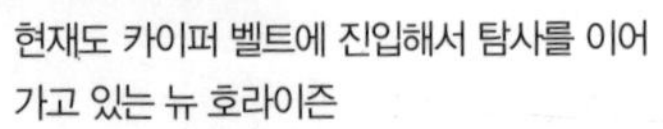

현재도 카이퍼 벨트에 진입해서 탐사를 이어가고 있는 뉴 호라이즌
(NASA/Johns Hopkins University Applied Physics Laboratory/Southwest Research Institute)

제 5 장

성좌의 신비로움 _항성과 은하

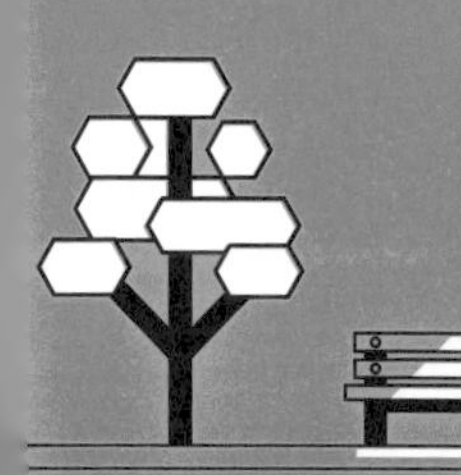

34 항성과 행성은 어떻게 다를까?

스스로 빛을 내는 항성, 그렇지 않은 행성

항성(恒星)은 육안으로 보면 상대적인 위치가 바뀌지 않는 별이라고 해서 붙은 이름이다. 밤하늘에 빛나는 별들은 태양계 행성을 제외하고 모두 항성이다. 물론 태양도 항성이지만 우리 은하만 해도 항성은 1,000억 개 이상 있는 것으로 추정된다. 이제부터 독자 여러분이 딱히 거부하지 않는 한 항성을 별이라고 표현하기로 한다.

항성 주위를 공전하는 천체 가운데, 중심에서 핵융합을 일으킬 정도로 질량이 크지 않고 스스로 빛이나 열을 방출하지 않는 천체가 행성이다(태양계 행성의 정의는 78쪽 참조).

태양계의 행성은 지구를 포함해서 태양의 빛을 반사해서 빛나 보인다. 이외에도 항성과 행성의 중간에 위치하는 천체도 있다.

항성은 은하 중의 가스와 먼지가 응축되어 핵융합을 일으켜서 생겨나지만 태양의 0.08배보다 작은 질량을 갖고 생겨난 천체의 경우는 그렇지 않다. 가령 핵융합을 개시했다고 해도 바로 반응이 멈추거나 극히 저출력의 방사밖에 하지 못한다. 때문에 표면이 어두운 적색으로 보이는 것에서 갈색 왜성(矮星)이라고 불린다. 또한 밝기가 변하는 항성도 있다. 변광성이라고 하며 유명한 것이 고래자리의 미라이다.

밝을 때는 2등성으로 매우 확실히 보이지만 어두울 때는 10등성이 되어 버려 육안으로는 보이지 않는다. 미라는 팽창과 수축을 332일 주기로 반복하면서 밝기가 변한다고 해서 맥동 변광성이라고 불린다.

갈색 행성의 이미지

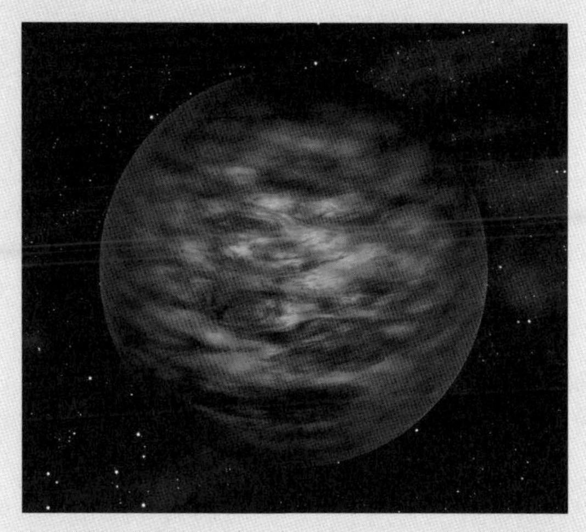

NASA/JPL-Caltech

WISEA J114724. 10-204021.3이라 불리는 저질량의 갈색 왜성 이미지도. 갈색 왜성은 어둡기 때문에 모습을 확실히 포착할 수 없다.

아루마 망원경이 찍은 노령의 별 미라 주위의 가스 구름 분포

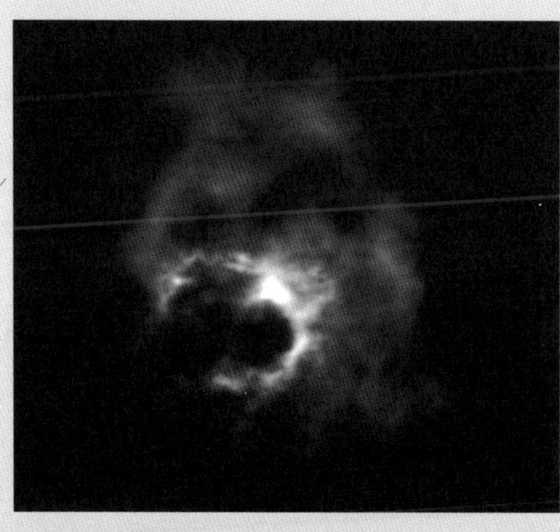

ESO/S. Ramstedt (Uppsala University, Sweden) & W. Vlemmings (Chalmers University of Technology, Sweden)

고래자리의 항성으로 변광성인 미라는 꽤 나이를 먹은 적색 거성인 주성(미라 A)과 이미 생애를 마치고 잔해(殘骸)가 된 백색 왜성인 반성(伴星)이다. 사진은 아루마 망원경이 관측한 미라 A의 주위를 미라 B에서 분출한 가스 구름이 둘러싸고 있는 부분

35 별에도 일생이 있다는데 사실일까?

별의 탄생에서 죽음까지, 드라마가 있다

태양이나 밤하늘에 빛나는 수많은 별에게도 탄생에서 죽음에 이르기까지 드라마가 있다. 별이 탄생하고 성장, 죽음에 이르는 과정은 대략적으로는 공통된다. 어느 별이든 은하 중의 가스와 먼지가 응축해서 생긴 것이므로 성분에는 본질적인 차이가 없다. 그리고 갖고 있는 핵융합을 위한 재료를 다 사용하면 일생을 마친다.

좀 더 상세하게 살펴보면 별의 질량에 따라서 차이가 있는 것을 알 수 있다.

태양의 0.08배보다 가벼운 별

96~97쪽에서 설명한 갈색 왜성이다. 중심부의 온도가 충분히 올라가지 않기 때문에 핵융합이 일어나지 않거나 일어났다고 해도 단시간에 끝나버리고 이후 서서히 식으면서 여생을 마감한다.

태양의 0.08배에서 8배 정도의 질량을 가진 별

중심부의 온도가 높기 때문에 수소가 핵융합을 일으키고 중심부의 수소를 다 사용할 때까지 계속 빛난다. 재료를 사용하고 나면 팽창을 시작해서 적색 거성이 되고 마지막에는 행성상 은하가 되어 별의 중심(core)은 백색 왜성으로 남는다. 태양의 수명은 100억 년 정도이고 이러한 일생을 거닐게 된다.

질량에 따라서 다른 별의 일생

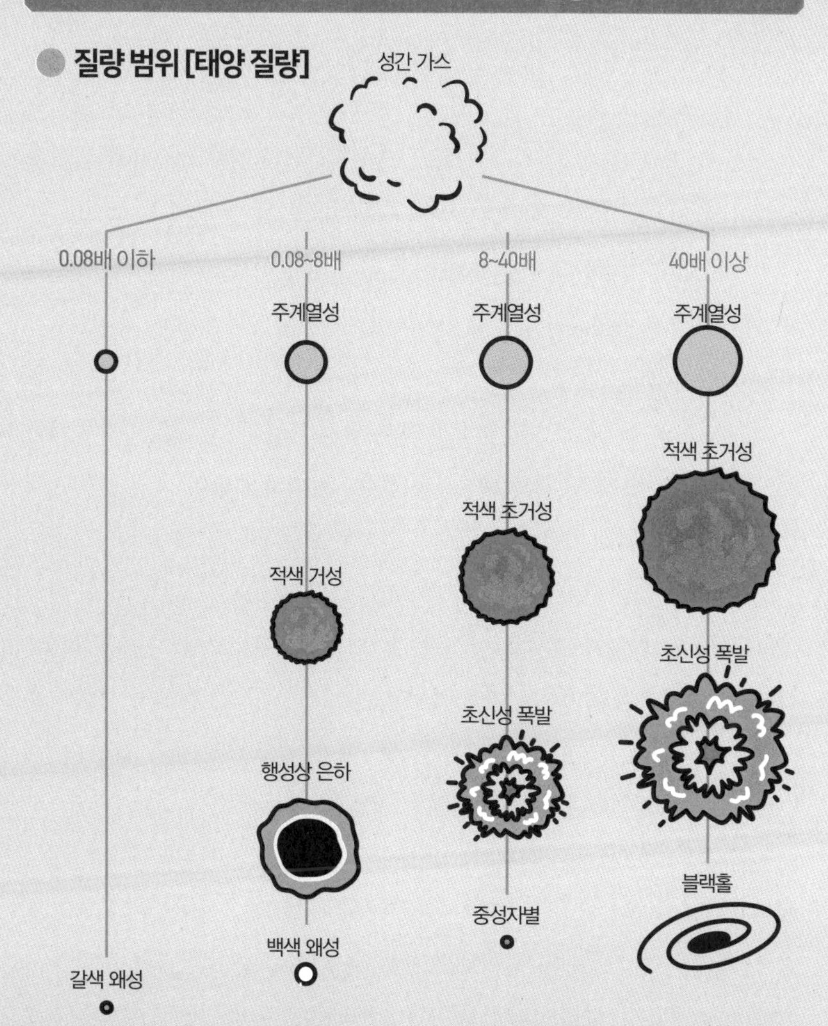

태양보다 훨씬 가벼운 별은 주계열성이 되지 못하고 연료인 수소가 줄어들면 점점 찌그러져 어둡고 작은 갈색 왜성이 된다.

태양의 0.08~8배 정도인 별은 적색 거성이 된 후 외층을 우주로 확산시켜 행성상 성운이 되고 그 중심에는 백색 왜성이 남는다.

태양의 8~40배 정도의 별은 적색 초거성이 된 후 초신성 폭발이 일어나서 중성자성이 된다.

태양의 40배 이상의 질량을 가진 거대한 별은 적색 초거성이 된 후 초신성 폭발을 일으키고 블랙홀이 된다.

태양보다 10배 무거운 별

핵융합 반응은 수소에서 헬륨, 헬륨에서 산소, 탄소로 이어지고 최종적으로는 철이 만들어진다. 이 단계가 되면 핵융합은 더 이상 진행하지 않고 팽창하기 시작해서 적색 초거성이 된다. 그리고 자신의 중력에 의해서 별은 붕괴되어 초신성 폭발을 일으킨다.

전형적인 수명은 수천 만 년 정도이고 폭발 시에 여러 가지 원소를 만들어 내 우주 공간에 방출하는 동시에 그 후에는 중성자성 혹은 블랙홀이라는 초고밀도 천체가 남겨진다.

한편 밤하늘에 빛나는 별은 모두 같은 색은 아니다. 회백색으로 빛나는 것도 있는가 하면 빨갛게 빛나는 것도 있다. 별의 색은 별의 표면 온도에 따라 결정된다. 파란색 별은 온도가 높고 빨간색 별은 온도가 낮다.

20세기 초 별의 색과 온도, 밝기의 관계를 발견한 사람은 덴마크의 아이나르 헤르츠스프룽과 헨리 노리스 러셀이다. 이를 계기로 세로축에 태양을 기준으로 한 밝기(절대등급), 가로축에 항성의 표면 온도를 취해서 항성의 분포를 나타낸 것이 HR(헤르츠스프룽–러셀)이다.

HR에서 항성은 3그룹으로 나뉜다. 하나는 주계열성이라 불리는 것으로 항성의 약 90퍼센트가 포함된다. 태양도 여기에 들어간다. HR의 오른쪽 아래부터 정중앙을 돌파하듯이 왼쪽 위로 분포하고 있다. 두 번째가 HR 오른쪽 위 근방에 분류되는 온도가 낮은 거성, 초거성 그룹이다. 적색 거성은 여기에 속한다. 세 번째가 HR의 왼쪽 아래에 분포하는 온도가 높고 작은 백색왜성 그룹이다.

HR에 의해서 처음으로 발견된 항성이라도 밝기와 온도를 알면 어느 종류의 별인지 알 수 있게 됐다.

이 그림의 완성으로 이후 항성 천문학의 기초가 다져질 수 있었다.

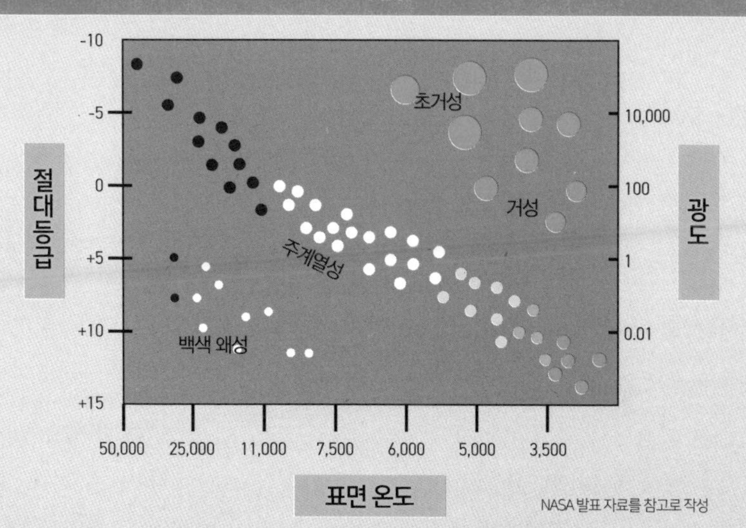

NASA 발표 자료를 참고로 작성

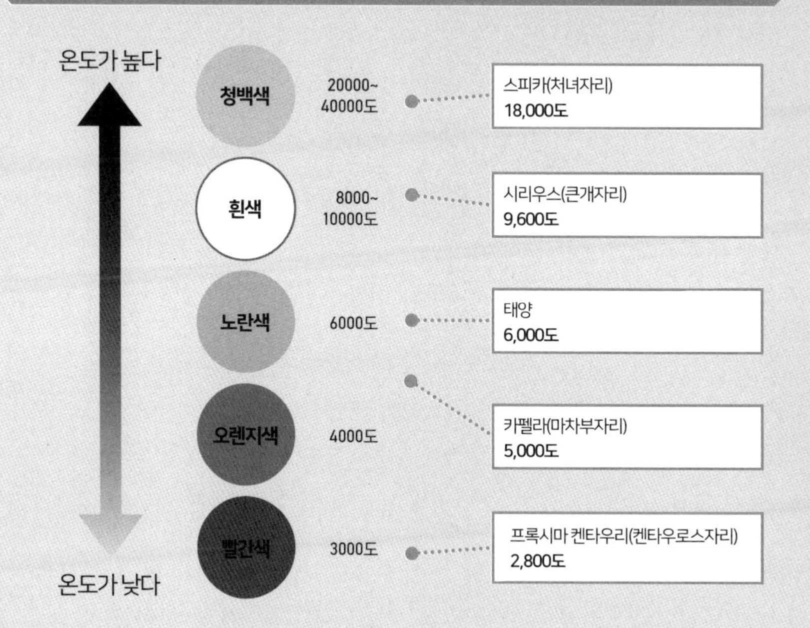

36 초신성 폭발이란?

철보다 무거운 원소가 우주 공간에 대량 방출된다

질량이 태양의 10배 이상 되는 무거운 별일수록 핵융합 재료인 수소가 많이 분포되어 있다. 그런 만큼 중심부가 고온 · 고압이어서 핵융합이 격심하게 진행함에 따라 단기간에 연료를 다 사용하고 최후를 맞이한다. 또한 무거운 별에서는 재료가 없어져 핵융합이 종료하면 중심부에는 철만 남는다.

원래 별은 자신의 중력으로 줄어들려고 하지만 핵융합이 일어나고 있는 동안은 에너지에 의해 찌그러지는 일은 없다. 그러나 핵융합이 끝나 중심부에 철만 남으면 순식간에 찌그러져 그 반동으로 대폭발이 일어나 별의 외층부를 날려버린다. 이 폭발을 초신성 폭발이라고 한다.

실상은 나이를 먹은 별의 마지막 모습이지만 폭발에 의해서 강한 빛을 방출하는 것이 새로운 별이 출현하는 것처럼 보이는 데서 이렇게 불린다.

초신성 폭발 결과 원자를 구성하는 소립자의 하나인 중성자가 빼곡하게 들어찬 중성자성과 태양의 30배 이상의 질량을 가진 별의 폭발이라면 블랙홀이 남겨진다.

중성자성은 1입방센티미터당 무려 무게가 10톤이나 된다. 우주가 탄생할 무렵에는 수소와 헬륨 같은 가벼운 원소밖에 존재하지 않았다. 그러나 행성은 물론 우리들의 몸도 무거운 원소로 구성되어 있다.

무거운 원소는 항성의 핵융합과 초신성이 폭발할 때 만들어져 우주 공간으로 방출된 것이다. 만약 초신성 폭발이 없었으면 우리들 생명도 태어나지 않았다.

초신성 폭발의 잔해

NASA, ESA, J. Hester and A. Loll (Arizona State University)

황소자리의 초신성 잔해. 별명 게성운. 이 별이 초신성 폭발을 일으킨 것은 1054년. 중국과 일본의 문헌에 남아 있다. 폭발의 잔해가 된 현재도 계속 팽창하고 있다.

대질량 별이 중력 붕괴로 일으키는 폭발 메커니즘

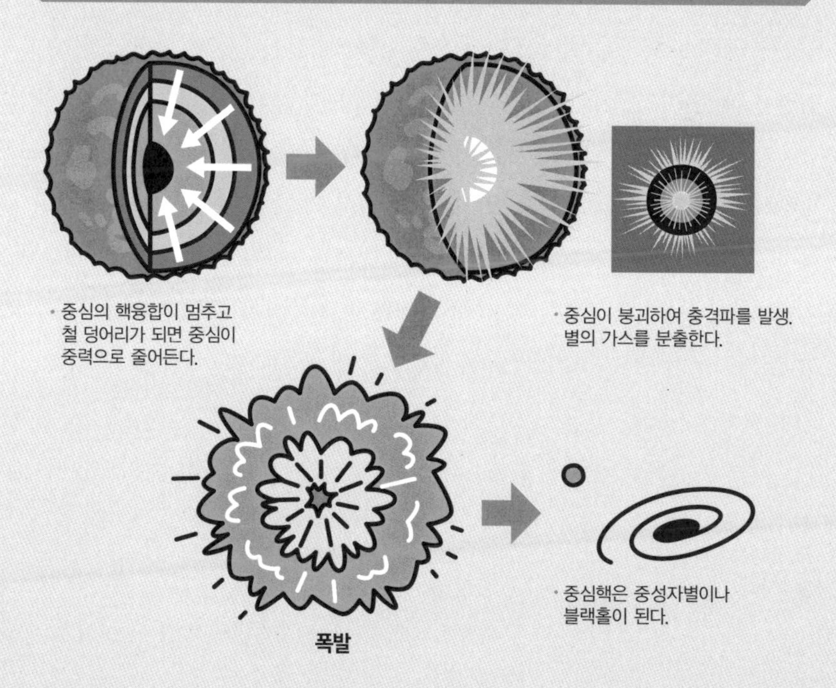

37 블랙홀은 어떻게 생길까?

초신성 폭발 후 자신의 중력으로 점차 수축한다

블랙홀은 태양의 30배 이상에 달하는 매우 큰 질량을 가진 별의 최후 모습이다. 초신성 폭발 뒤에 남은 별의 심과 같은 것으로 자기 자신의 중력에 의해서 점점 수축해서 크기가 무한소의 특이점이 된 것이다. 반대로 밀도는 무한대가 된다.

블랙홀에서는 모든 물리법칙이 성립되지 않을 뿐더러 빛도 바깥으로 달아나지 못한다. 그러면 빛을 내지 않는 이 천체를 어떻게 발견한 것일까?

그 열쇠는 X선이다. 태양은 하나의 항성이 단독으로 존재하고 있지만 우주에는 연성이 많이 있다. 연성이란 2개의 별이 서로의 주위를 돌고 있는 별로 이중 하나가 블랙홀이 되면 다른 한쪽 별의 가스를 흡입한다. 그리고 가스가 블랙홀로 빠져들 때 엄청난 고온이 되어 X선을 방출한다. 다시 말해 이 X선을 관측하면 그곳에 블랙홀이 존재한다는 상황 증거가 된다.

블랙홀은 아인슈타인이 상대성이론에 의해서 예언한 천체이다. 당시 그것은 어디까지나 이론이지 실재한다고는 생각하지 않았다. 그런데 X선을 사용한 관측에 의해서 1970년 백조자리 X-1이라는 블랙홀이 발견됐다.

이것을 계기로 블랙홀로 볼 수 있는 천체가 많이 발견되며 존재가 사실로 드러났다.

블랙홀 이미지

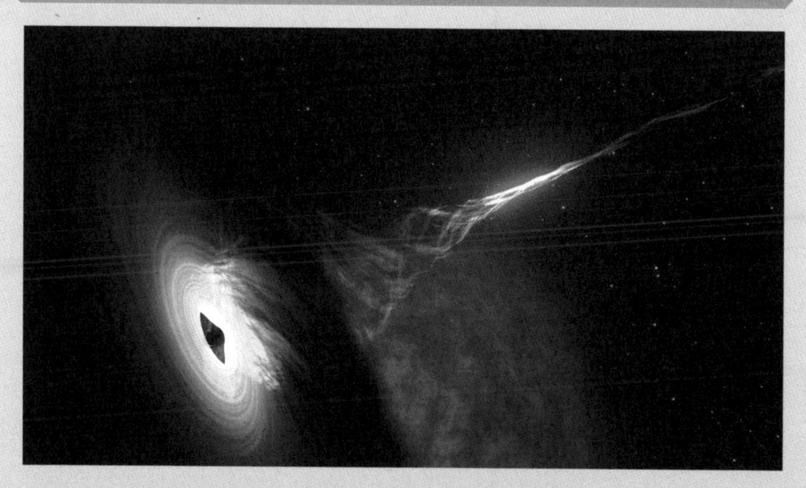

블랙홀에 고온 제트가스가 흡입된 모습을 이미지했다. NASA/JPL-Caltech

블랙홀 모식도

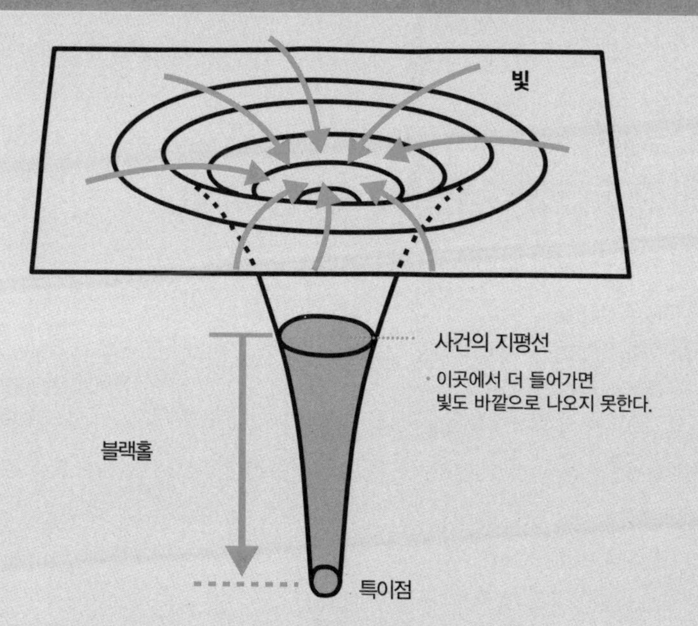

38 은하는 항성이 모여서 생겼나?

우리 은하에만도 1,000억 개 이상의 항성이 있다

우리들이 사는 지구는 태양 주위를 돌고 있는 행성이다. 지구를 포함한 8개의 행성, 행성의 주위를 돌고 있는 달을 비롯한 위성, 나아가 무수히 많은 작은 천체로 구성되어 있는 것이 태양계이다. 그리고 태양과 같은 항성이 약 1,000억 개 이상 모여서 생긴 것이 우리 은하이다.

은하라는 것은 수십억 개에서 수천억 개의 항성이 서로의 중력에 의해서 모여들어 생긴 것이다. 크기는 수천 광년부터 10만 광년 이상인 것까지 다양하며 모양도 예쁘게 소용돌이를 이룬 것부터 소용돌이가 확실하지 않은 것과 불규칙한 것으로 각양각색이다.

우리는 태양계 행성은 정지한 태양 주위를 돌고 있다고 생각하기 쉽다. 그러나 실제로는 태양 자체도 고속으로 이동하고 있고 결과적으로 태양계 전체가 고속으로 이동하고 있는 셈이다. 속도는 무려 초속 약 240킬로미터!

태양계는 이런 속도로 우리 은하를 이동하여 약 2억 2,000만 년부터 2억 5,000만 년에 걸쳐 일주하고 있다. 또한 은하끼리도 중력에 의해서 모여서 그룹을 이루고 있다. 수십 개 정도의 은하 모임을 은하군이라고 하며 우리 은하도 국부 은하군에 속한다.

국부 은하군은 안드로메다 은하, 우리 은하, 삼각형자리 은하 3개를 주요 은하로 해서 전부 50개 가까운 은하로 구성되어 있다. 또한 100개부터 1,000개의 은하가 1,000만 광년의 공간에 밀집한 것이 은하단이다.

은하의 그룹 구조

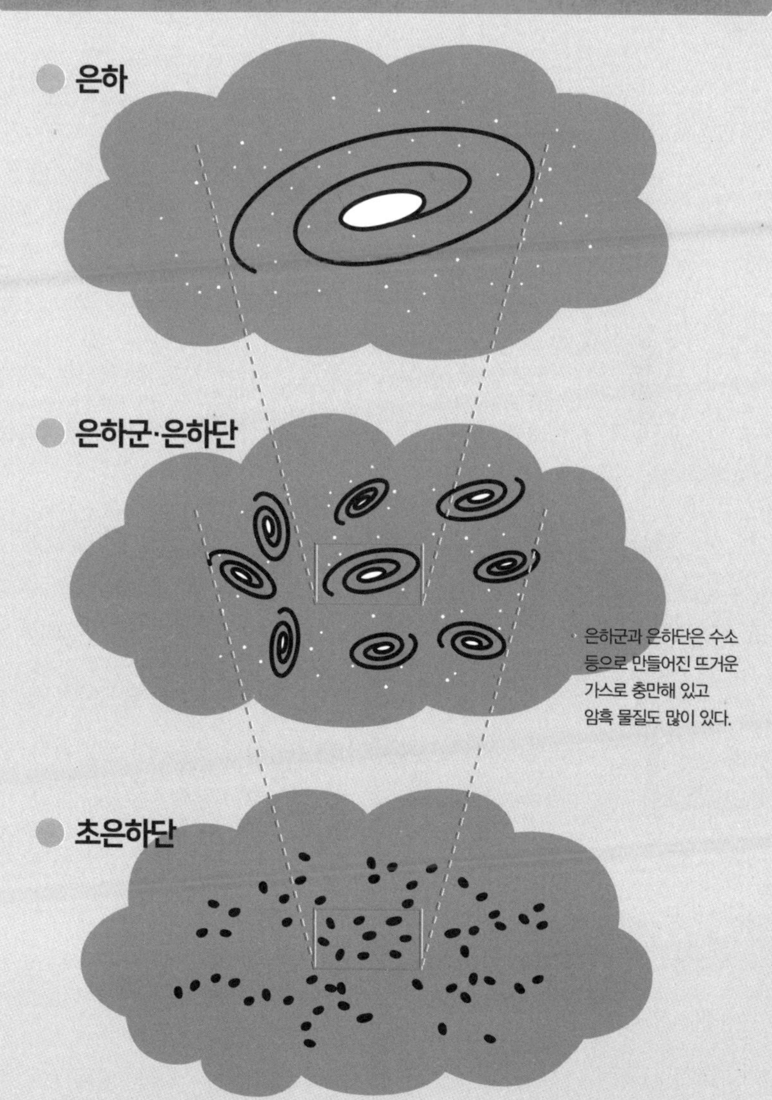

은하군과 은하단은 수소 등으로 만들어진 뜨거운 가스로 충만해 있고 암흑 물질도 많이 있다.

• 은하군과 은하단이 1억 광년 이상의 크기로 연결된 것이 초은하단이고 10개 이상 발견됐다. 우리 은하를 포함한 국부 은하군은 처녀자리 초은하단의 일원. 그리고 중심에 있는 처녀자리 초은하단의 중력에 이끌려서 매초 300킬로미터의 속도로 움직이고 있다.

39 우리 은하 가까이에 어떤 은하가 있을까?

지구에서 육안으로 3개의 은하가 보인다

지금으로부터 40억 년 후 우리 은하와 안드로메다 은하가 충돌해서 합체한다는 얘기는 제1장에서 했다(28~29쪽). 그러면 안드로메다 은하라는 것은 어떤 천체일까?

안드로메다 은하는 우리 은하와 함께 국부은하군을 구성하고 있고, 이른바 우리 은하의 이웃 같은 존재이다. 국부은하군 중에서 가장 크기가 큰 소용돌이 은하로 약 1조 개의 항성으로 구성되며 원 반 부분의 직경은 약 20만 광년이다. 가을에는 북반구에서 육안으로도 관찰할 수 있다.

중심부에는 우리 은하의 중심핵에 있는 것보다 무겁고 거대한 블랙홀이 있는 것으로 알려져 있다. 또한 X선 관측을 통해 중심 영역에 이외에도 수많은 블랙홀이 발견됐다.

지구상에서 육안으로 관찰할 수 있는 은하가 2개 더 있다. 남반구에서 볼 수 있는 대마젤란 은하와 소마젤란 은하이다. 16세기, 남쪽 하늘의 은하 옆에 구름처럼 보이는 천체를 마젤란이 기록한 것에서 이렇게 불리게 됐다.

대마젤란 은하는 16만 광년의 거리에 있으며 크기는 우리 은하의 10분의 1 정도이다. 소마젤란 은하는 20만 광년의 거리에 있고 대마젤란 은하보다 작다. 또한 1970년에는 두 은하를 연결하는 가늘고 길게 뻗은 마젤란 스트림이 발견됐다.

이것은 중성 수소 가스의 흐름이라고 한다.

안드로메다 은하

안드로메다 은하는 국부 은하군 중에서도 가장 거대하다.

NASA/JPL/California Institute of Technology

마젤란 은하

알마 망원경 산정 시설(표고 5,000미터)에서 관측을 하는 안테나들과 남쪽 하늘을 대표하는 별들을 함께 찍은 사진. 사진 오른쪽에 보이는 희미한 구름과 같은 천체가 우리 은하에 이웃하는 작은 은하 대마젤란 은하(위)와 소마젤란 은하(아래).

국립천문대

40 은하끼리 충돌하는 일은 흔한가?

10~100억 년 단위로 보면 자주 있는 현상이다

우리 은하와 안드로메다 은하는 언젠가 충돌한다. 그렇다고 해도 40억 년 이후에나 일어날 테지만, 믿기지 않는 사람도 많을 것이다. 은하와 은하의 충돌은 어떻게 해서 일어나는 걸까?

은하라고 하면 별이 밀집해 있을 것 같지만 사실 밀집도는 매우 낮다고 한다. 한편 은하와 은하의 간격은 의외로 가깝다는 점도 알고 있다.

우리 은하가 속해 있는 국부 은하군 내에 있는 하나의 은하를 1센티미터의 볼이라고 하면 50개 가까운 볼이 10센티미터부터 1미터 거리로 집합해 있다.

은하는 서로의 중력 작용으로 끌어당기고 있기 때문에 10~100억 년 단위로 보면 서로 전혀 맞닿지 않고 이동하는 것은 어렵다. 그러나 은하끼리 고속으로 충돌했다고 해도 은하 안은 듬성듬성한 상태이기 때문에 파괴적인 충돌은 일어나지 않는다.

은하에는 여러 가지 형태가 있지만 타원과 소용돌이와 같이 특정할 수 있는 구조가 아닌 불규칙 은하는 은하끼리 충돌과 중력 상호작용 등에 의해서 생겨났다.

은하는 무리를 이루고 있는 것이 많고(106~107쪽) 그런 은하단의 중심부에는 거대한 타원 은하가 있는 것이 있다.

타원 은하야말로 많은 은하가 충돌 · 합체한 것이라고 할 수 있다.

은하와 은하의 충돌

NASA; ESA; Z. Levay and R. van der Marel, STScl; T. Hallas; and A. Mellinger

40억 년 후 우리 은하와 안드로메다 은하는 충돌할 것으로 생각된다. 그렇다고 한순간에 충돌하는 게 아니라 수십억 년에 걸쳐서 전개된다. 이 화상은 근접해 오는 안드로메다에 의해 은하수가 왜곡되는 모습을 그린 이미지이다.

41 우주의 그레이트 월이란 무엇일까?

우주에 있는 만리장성

1989년 하버드-스미소니언 천체물리학센터의 마가렛 겔러와 존 허크라 등이 지구에서 약 2억 광년 떨어진 곳에 거대한 구조가 있는 것을 발견했다.

길이 약 5억 광년, 폭 약 3억 광년의 방대한 은하단으로 이루어진 벽과 같은 구조로 돼 있어 그레이트 월이라 불린다. 만리장성(The Great Wall of China)을 빗대어 붙인 이름이다. 발견된 것이 그레이트 월의 전부인지 극히 일부인지 분명하지는 않다. 우리 은하의 빛이 장애물이 되어 완전한 모습을 관측할 수 없기 때문이다.

그레이트 월은 어떻게 생긴 걸까? 현재로서는 연속해서 길게 실 모양으로 분포하는 암흑 물질을 따라서 은하가 분포하고 있어 그런 구조가 된 게 아닐까 생각된다.

암흑 물질은 중력으로 천체를 잡아당긴다. 따라서 길고 엷은 초은하단의 벽처럼 보이는 것이다. 암흑 물질이란 질량은 있지만 일반 관측 수단으로는 검출할 수 없는 암흑 물질을 말하며 여전히 정체는 명확치 않다.

암흑 물질의 후보로는 미발견의 소립자 등을 들고 있다. 멀어져 가는 천체에서 나오는 빛의 스펙트럼선이 파장이 긴 쪽(=빨간 쪽)으로 치우치는 것을 적색이동이라고 한다.

이것을 응용해서 먼 거리에 있는 은하의 거리를 정확하게 관측할 수 있게 되어 그레이트 월도 발견할 수 있었다.

원시 그레이트 월과 몬스터 은하의 상상도

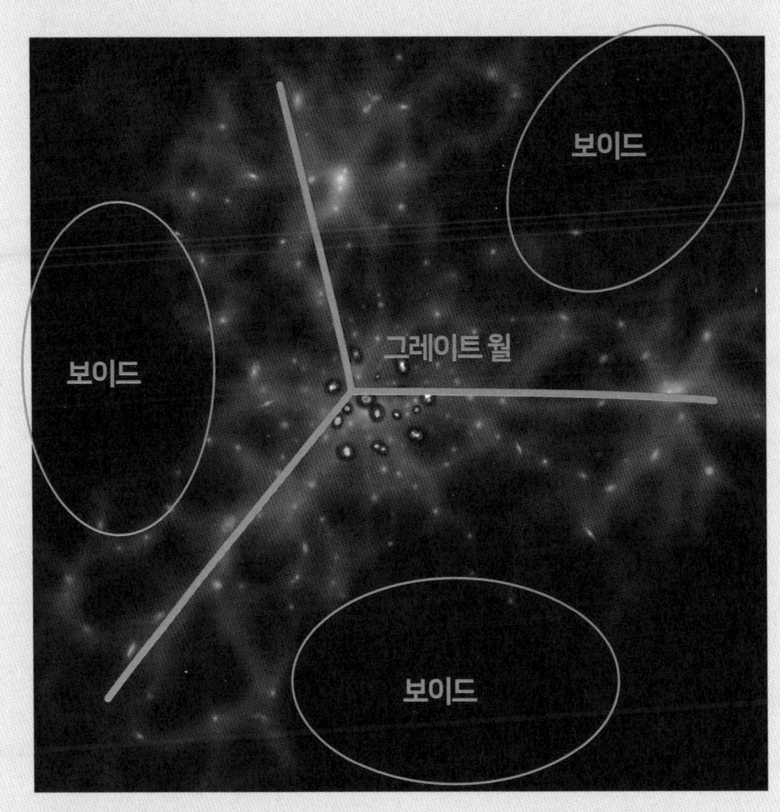

ALMA(ESO/NAO/NARAO),NAOJ,H.Umehara

약 5억 광년에 걸쳐서 젊은 은하가 필라멘트상으로 분포한 대집단 원시 그레이트 월. 이 중심부에서 몬스터 은하가 몇 개 탄생했을 것으로 추정된다. 보이드란 아무 것도 없는 초공동을 말한다(114~115쪽).

42 우주는 어떤 구조로 돼 있나?

우주는 거품 구조이다

은하 수십 개가 모여서 은하군을 형성하고 또한 100개에서 1,000개가 모여서 은하단을 형성하고 있다. 그리고 은하단이 모인 것이 초은하단이라는 대집단이며 이 역시 전 우주 속에서는 집단의 일부를 이루고 있다고 생각된다.

그러면 우주 전체의 구조는 어떻게 돼 있을까? 1980년대. 수억 광년 저편에는 약 2억 광년에 걸쳐 은하가 전혀 관측되지 않은 텅 빈 공동이 존재하는 것이 발견됐고 이후 마찬가지의 공동이 몇 개 더 발견됐다. 이처럼 은하가 존재하지 않는 거대한 공간을 거대공동 혹은 영어로 보이드라고 부른다.

거시공동의 발견으로 우주에 은하가 빈틈없이 퍼져 있는 것은 아니라는 사실이 밝혀졌다. 우주는 은하가 긴 실 모양으로 연결된 골조와 같은 은하 필라멘트와 거시공동이 뒤얽힌 대규모 구조라는 사실을 알게 됐다.

마치 비누 거품이 날 때 보이는 몇 겹의 겹친 거품과 같은 구조와 비슷하다. 그리고 은하는 거품 표면에 집중해서 존재하고 있다.

이것이 우주 거대 구조 또는 우주 거품 구조라고 불리는 것이다.

이러한 구조를 만든 것도 암흑 물질이라고 생각된다.

빅뱅 직후의 우주는 뜨거운 가스와 암흑 물질이 확산되어 있었다. 이때 최초로 암흑 물질끼리 덩어리를 만들었고, 이것이 거대 구조의 기초가 됐을 것으로 생각된다.

우주는 거품과 같은 구조이다

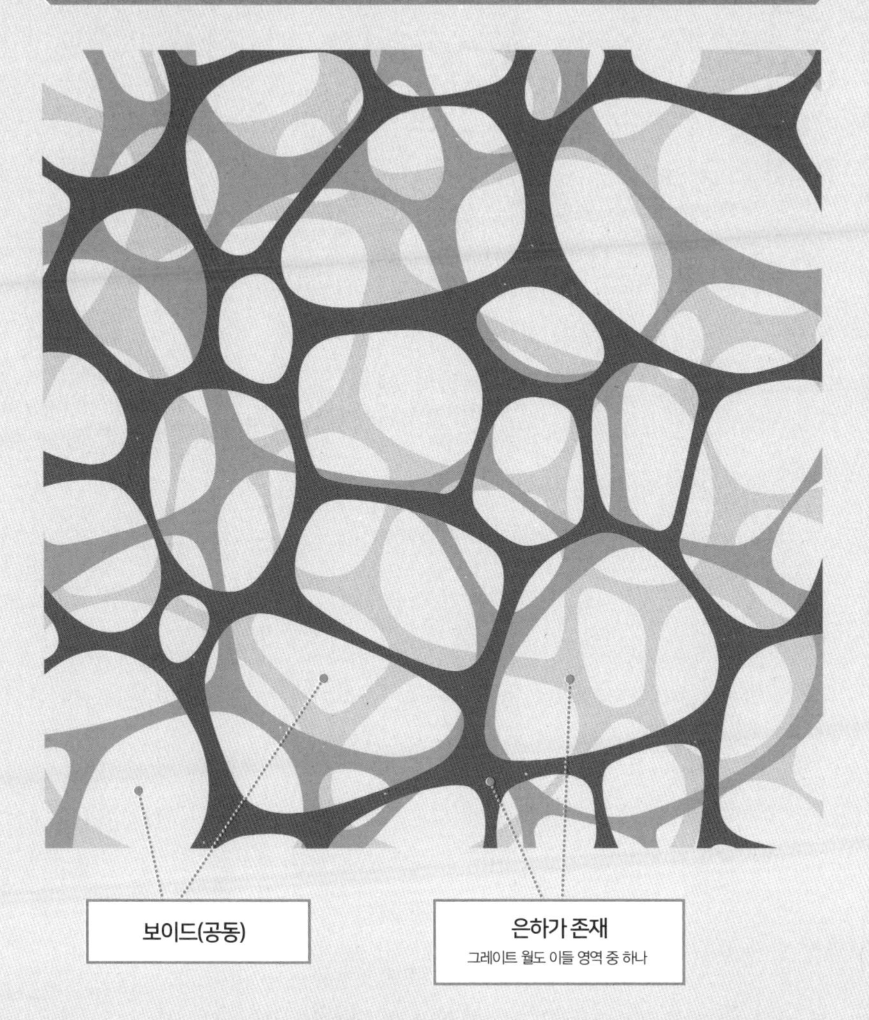

우주에는 은하가 존재하지 않는 공동(보이드)이 점재해 있고 그 사이에 은하 필라멘트라 불리는 은하 띠가 연결되어 있다. 다시 말해 우주는 은하 필라멘트와 거대 거품이 뒤섞인 거품과 같은 구조를 하고 있다.

최신 우주 토픽

지구와 흡사한 7개 행성 발견!

지구로부터 약 39광년 떨어진 곳에 트라피스트-1이라는 항성이 있다. 2017년 2월 트라피스트-1 주위를 7개의 '지구와 흡사한 행성'이 돌고 있는 것이 확인됐다. 트라피스트-1 항성은 지금으로서는 생명의 존재를 탐색하기 위한 최적인 환경이라고들 한다. 그 이유는 크게 2가지이다.

우선 7개 중 적어도 3개 행성과 중심의 트라피스트-1의 각 거리의 균형이 생명이 탄생하기에 이상적이라는 점이다. 또 하나는 태양계에 가깝기 때문에 행성의 대기를 조사하면 생물이 존재하는 간접적 증거를 발견할 수 있을지도 모른다는 점이다.

현재 많은 연구자가 트라피스트-1 행성계에서 생명을 찾는 작업에 대응하기 시작했다. NASA의 케플러 우주 망원경은 지금까지 발견한 7개 외에 또 따른 행성이 없는지 찾고 있다.

허블 우주 망원경도 행성의 대기를 조사하고자 한다.

또한 2020년에 발사가 예정되어 있는 제임스 웨브 우주 망원경이 가동하면 트라피스트-1과 그 행성군을 보다 자세히 관측할 수 있을 것이다.

탐사가 진행하면 새로운 지구 이외에서도 생명이 발견 혹은 그 가능성에 대한 화제가 끊이지 않을 것이다.

제 6 장

여기까지 알았다!
최신 우주론

43 우주란 무엇으로 만들어졌을까?

일반 물질은 4%뿐, 96%는 정체불명의 성분이다

우리가 육안이나 망원경을 통해서 보는 우주는 양성자와 중성자 같은 일반 물질로 만들어져 있는 부분뿐이다. 우주에는 일반 물질 외에 눈에 보이지 않는 물질과 힘이 있을 것으로 추정된다. 왜냐하면 우주가 일반 물질만으로 구성되어 있다고 한다면 그들 물질의 중력만으로는 은하를 고속으로 회전시켜 주위의 행성과 미행성 등을 잡아당기는 것은 불가능하기 때문이다. 그 점을 명백히 밝힌 것이 미국의 베라 루빈이다.

1983년의 일. 그녀는 항성의 공전 속도와 그 중심에서의 거리 관계를 조사하고 모든 은하에서 항성의 공전 속도가 지나치게 빠르기 때문에 은하의 질량은 겉보기보다 크다고 발표했다. 다시 말해 이 우주에는 눈에 보이지 않는 물질이 대량 존재하고 그것이 우주의 기본 구조를 유지하고 있다는 점이다. 또한 그 양은 눈에 보이지 않는 물질의 5배 이상에 달하는 것을 알았다.

바로 이, 질량을 갖고 주위에 중력을 미치지만 눈에 보이지 않는 수수께끼의 물질을 암흑 물질이라고 부른다.

현재도 전자파를 이용한 망원경으로 직접 보는 것은 불가능하지만 배경의 천체에 일그러짐을 일으키는 중력적인 작용에서 어떤 거대한 질량이 있다는 사실은 간접적으로 알고 있다. 그리고 2018년 국립천문대 연구자들이 넓은 범위의 암흑 물질을 가시화하는 데 성공했다.

이로써 암흑 물질이 망의 눈금과 같이 은하를 연결하고 있는 모습을 확인할 수 있었다.

우주의 구성 요소

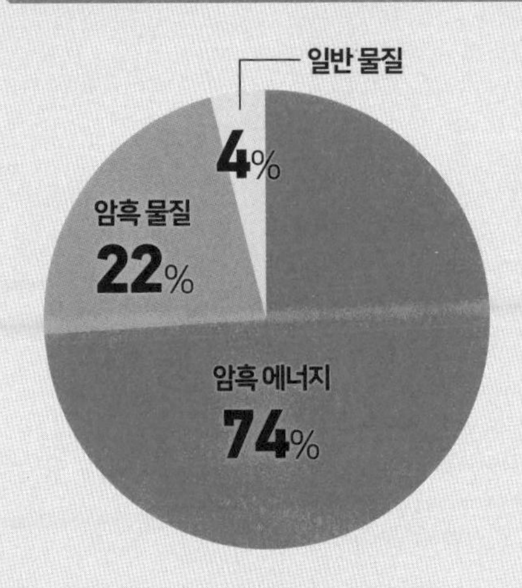

우주를 구성하는 요소는 소립자 등의 일반 물질 이외에 암흑 물질과 암흑 에너지(120~121쪽 참조)가 있다고 생각된다. 우리가 보고 있는 것은 우주의 극히 일부에 지나지 않음을 잘 알 수 있다.

암흑 물질의 기능

은하 속에서는

암흑 물질이 고속으로 회전하는 별과 가스를 잡아당겨 속도를 조절해서 은하로부터 튀어 나오지 않도록 한다.

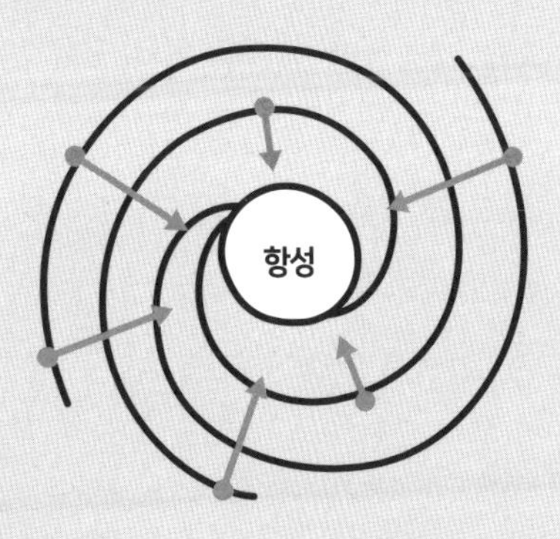

은하단 속에서는

암흑 물질이 중력으로 움직이며 돌아다니는 은하를 잡아당겨 튀어 나가지 않도록 한다.

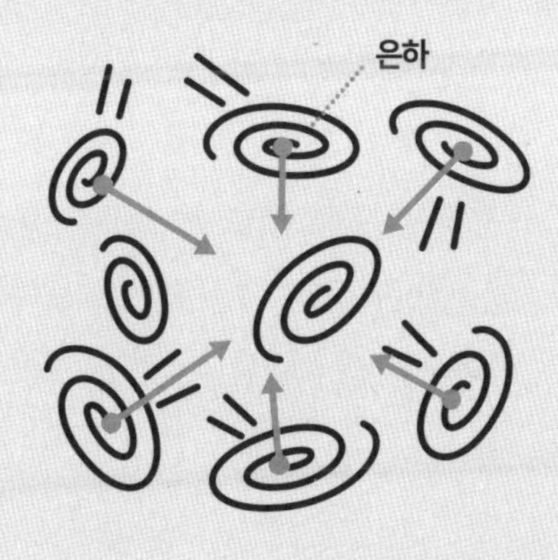

44 우주의 팽창은 가속된다는데 사실일까?

60억 년 정도 전부터 팽창은 가속하고 있다

우주가 팽창하고 있다는 사실이 밝혀진 것은 1920년대의 일이다. 미국 카네기천문대 연구자 에드윈 허블은 우주에 존재하는 은하가 지구로부터 먼 것일수록 보다 빠른 속도로 멀어져 간다는 사실을 발견하고 우주가 팽창하고 있음을 알게 됐다(허블-르메트르의 법칙).

그러나 당시는 우주의 팽창은 빅뱅의 기세로 계속되고 있고 언젠가 팽창의 속도가 떨어져서 결국에는 수축하지 않을까 생각했다. 그런데 1998년에 놀랄 만한 사실이 발견됐다. 바로 우주의 팽창이 느려지기는커녕 가속하고 있다는 것이다.

멀리 있는 은하 속에 있는 초신성의 밝기를 관측한 결과 60억 년 정도 전을 경계로 그 이전은 이론적인 예측치보다 밝고 그 이후는 어둡다는 것을 알게 됐다. 예측치보다 어둡다는 것은 별이 멀어지는 속도가 빠르다, 즉 팽창이 가속하고 있다는 증거이다.

이처럼 우주를 팽창시키는 에너지를 암흑 에너지라고 부른다.

빅뱅의 계기가 된 인플레이션으로 우주를 급팽창시킨 진공 에너지와 같은 것이라고 생각되고 있다.

다양한 관측 결과에서 암흑 에너지는 수소와 헬륨 같은 일반 물질의 약 18배, 암흑 물질의 약 3배가량 존재하는 것으로 추정된다. 그러나 암흑 에너지가 팽창하는 우주의 미래에 관여하고 있는 것만은 틀림없다.

계속 팽창하는 우주의 미래도

빅립(Big Rip)설

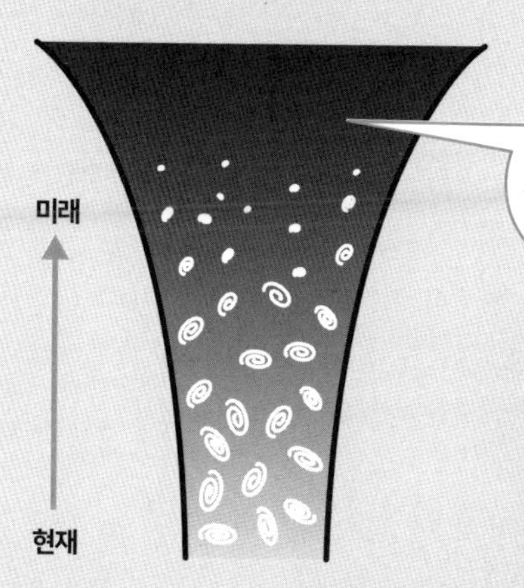

우주를 팽창시키는 암흑 에너지가 증가하여 중력을 넘으면 그 순간부터 우주의 팽창은 보다 가속화된다. 그리고 팽창에 의해 소립자 단위까지 잡아당겨 찢어 마침내 우주에는 아무것도 없게 된다.

빅 크런치(Big Crunch)설

(암흑 에너지의 존재를 생각하지 않는 경우)

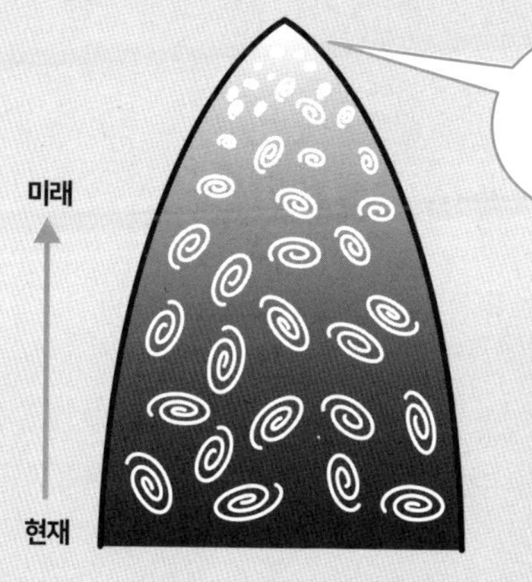

우주의 물질 밀도가 높아지면 우주의 팽창은 속도를 낮추고 마침내 우주 자신의 중력에 의해서 수축이 시작된다. 그리고 최종적으로는 하나의 블랙홀이 된다.

45 우주의 수수께끼를 푸는 방정식이 있나?

아인슈타인 방정식에 답이 있었다

현재 우주론의 기초가 되고 있는 것은 상대성이론이다. 1900년대 독일 물리학자 알베르트 아인슈타인이 제창한 물리학 이론이다. 이것은 물체가 같은 속도로 움직이고 있다면 멈추어 있을 때와 같은 물리 현상이 일어난다는 상대성 원리를 이론화한 것이다. 아인슈타인은 상대성 이론에서 빛의 속도와 시간과 공간의 관계를 해명하고 또한 중력에 의해서 시공이 일그러질 수 있다는 사실을 실증했다.

1 광속보다 빨리 움직일 수 있는 것은 없다.
2 광속에 가까운 속도로 움직이는 것은 줄어들어 보인다.
3 광속에 가까운 속도로 움직이는 것은 시간이 느리다.
4 무거운 것 주위에서는 시간은 더디다.
5 무거운 것 주위에서는 공간이 일그러진다.
6 질량과 에너지는 같다.

현재의 우주론은 이 이론을 기반으로 성립되어 있다. 아인슈타인은 상대성이론 완성 후 정지 우주 모델 방정식을 발표했다. 이것이 아인슈타인 방정식이다. 아인슈타인이 믿은 우주는 정지해 있고 불변한다는 설을 증명하기 위해 우주상수라는 것을 추가한 식이다. 그런데 1922년 러시아의 프리드만이 아인슈타인 방정식을 풀고 '우주는 불변하지 않다'는 것을 제시하는 답이 3개 있다고 발표했다. 아이러니하게도, 우연히도 아인슈타인 방정식은 계속 변하는 우주 전체의 수수께끼를 푸는 방정식으로 생각되고 있다.

아인슈타인 방정식

$$G_{\mu\nu} + \Lambda g_{\mu\nu} = \kappa T_{\mu\nu}$$

우주상수

$\Lambda g_{\mu\nu}$는 우주가 자신의 중력으로 한 점에 수축하지 않고 서로가 떼어지도록 작용하는 힘(척력)을 나타내는 우주상수. 아인슈타인이 우주는 정지해 있다는 것을 증명하기 위해 추가, 보정했다. 그러나 암흑 에너지의 존재를 알게 된 현재는 우주에 작용하는 미지의 에너지를 나타내는 항으로 재검토되고 있다.

프리드만의 3가지 우주 모델

❶ 닫힌 우주

우주에 존재하는 물질의 밀도가 높고 중력이 팽창하는 힘을 넘는 경우 팽창 속도는 느려지고 최종적으로 수축한다(빅 크런치설. 121쪽).

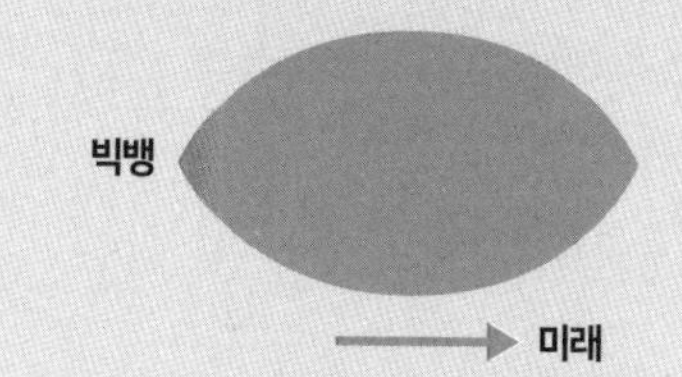

❷ 편평한 우주

우주에 존재하는 물질의 밀도가 팽창하는 힘과 비슷하면 팽창은 멈추지 않고 우주는 영원히 계속 팽창한다.

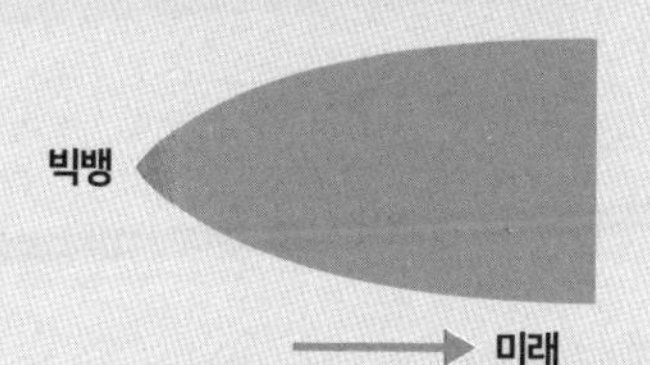

❸ 열린 우주

우주에 존재하는 물질의 밀도가 낮고 팽창하는 힘이 크면 우주는 무한 팽창한다(닫힌 우주의 반대).

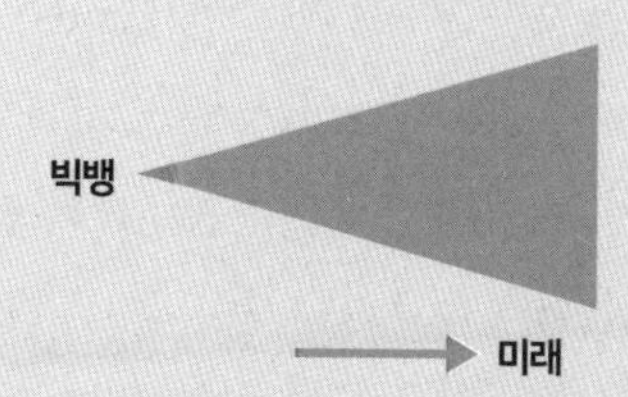

46 빅뱅은 어떻게 일어났을까?

에너지의 초팽창이 계기이다

138억 년 전, 이 우주는 무(無)에서 생겨난 하나의 점이 팽창해서 생긴 것으로 추정된다. 무에는 진공 에너지라는 거대한 에너지가 채워져 있었다. 이것은 지금도 우주를 계속해서 팽창시키고 있는 암흑 에너지와 같다. 진공 에너지가 상전이[1]라는 현상에 의해 해방됨에 따라 우주 팽창이 일어났다.

상전이를 간단하게 설명하면 물질이 기체→액체→고체로 변하는 것이다. 얼음으로 비유하면 수증기가 물로 변했을 때 수증기의 열이 빼앗겨 물이 된다. 빼앗긴 열은 방출된다. 이것이 에너지이다. 다시 말해 상전이가 에너지를 만들어낸다는 얘기다. 우주도 진공 에너지가 상전이에 의해서 대량의 에너지를 방출하고 급격하게 팽창했다.

이것을 인플레이션이라고 부른다. 인플레이션은 최초의 한 점에서 빅뱅까지 10의 마이너스 34승초의 사이에 일어났다. 이것은 불과 1초의 1,000조분의 1의 1,000조분의 1의 1만분의 1의 사이를 말한다. 이 짧은 순간에 바이러스가 은하단 이상의 크기가 될 정도로 급격한 팽창이 일어났다. 인플레이션이 진정되자 그때 방출된 열에 의해서 우주가 가열되어 거대한 불덩어리와 같이 됐을 것으로 추정된다.

이것이 빅뱅이다. 거대한 불덩어리는 팽창을 계속해서 마침내 천천히 식고 쿼크, 전자, 뉴트리노, 광자 등의 소립자가 생긴다. 다시 말해 빅뱅을 일으킨 것은 인플레이션이라는 급팽창이다.

감역 주　우주론 표준 모형에서는 빅뱅 이후 인플레이션을 통해 우주가 생성된 것으로 설명하고 있다. 본서에서 제시한 인플레이션–빅뱅 모형은 동경대 사토 가쓰히코(佐藤勝彦) 등의 견해로, 기존의 우주론 표준 모형과는 차이가 있다는 점을 밝힌다.

최신 우주 배경 복사 관측용 위성이 찍은 빅뱅의 빛

이 화상은 ESA(유럽우주기구)가 쏘아올린 위성 플랑크의 고성능 우주 망원경으로 찍은 138억 년 전에 일어난 빅뱅에서 남은 빛. 빅뱅에서 약 38만 년 지난 우주의 생성(6쪽 참조) 당시의 희미한 흔들림을 포착한 것이다.

진화하는 우주 배경 복사 관측 위성

아래 그림은 우주 배경 복사 관측 임무를 위해 쏘아올린 위성의 화상 진화를 비교한 것

©NASA

COBE

NASA가 1989년에 쏘아 올렸다. 우주 마이크로파 배경 복사(CMB)를 관측하는 것이 목적이다. 화상 질이 낮은 것을 알 수 있다.

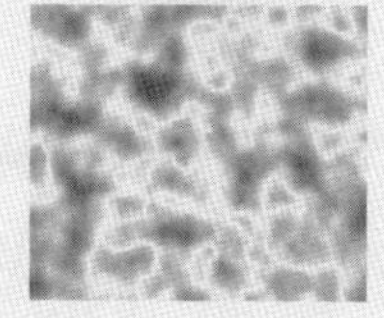

WMAP

NASA에서 2001년에 쏘아 올린 COBE 후속기. 빅뱅의 자취가 남은 방사선인 우주 마이크로파 배경 복사(CMB)의 온도를 전 하늘에 걸쳐 관측하는 것이 목적이다. 현재도 중요한 관측을 계속하고 있다.

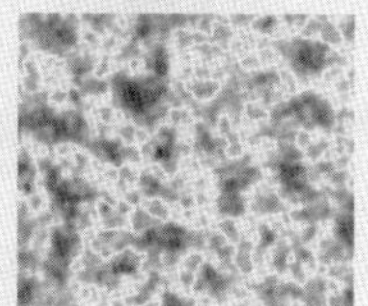

플랑크(Planck)

ESA(유럽우주기구)가 2009년에 쏘아 올린 위성. 2013년 3월 21일 전천의 우주 배경 복사 맵이 공개됐다(위 화상). NASA의 WMAP가 관측한 데이터보다 고정도의 우주 배경 복사 맵이 완성됐고, 이로써 우주의 연령도 약 138억 년으로 확인됐다.

---

1 **상전이(相轉移)** 물질이 온도, 압력, 외부 자기장 등 일정한 외적 조건에 따라 한 상(phase)에서 다른 상으로 바뀌는 현상이다.

47 우주는 몇 개나 있을까?

이(異)차원 공간에 무한 존재한다?

인플레이션과 빅뱅에 의해서 이 우주가 탄생했다고들 하는데 여기에 주목해야 할 가설이 있다. 바로 멀티버스(다중우주) 이론이다. 인플레이션 이론을 최초로 주장한 동경대학 사토 가쓰히코(佐藤勝彦) 명예교수와 앨런 구스가 제창한 이론이다.

우주는 진공 에너지가 상전이해서(인플레이션) 빅뱅을 거쳐 형태가 생겼다. 그러나 상전이는 동시에 일어나는 것은 아니다. 반드시 국소적으로 시작된다.

가령 물이 얼 때 한순간에 전체가 어는 것은 아니라 일부분부터 얼기 시작한다. 마찬가지로 우주에서도 일제히 상전이가 일어나는 게 아니라 국소적으로 시작했을 것이다. 다시 말해 상전이가 끝난 지점과 아직 상전이가 진행 중인 곳이 혼재했을 것으로 생각된다.

상전이가 끝난 공간에서는 팽창이 시작된다. 그러면 그 공간의 일부인 상전이 도중인 공간은 팽창에서 제외된다. 그러나 상전이 도중인 공간 안쪽에서는 인플레이션에 의한 급격한 팽창이 일어났을 것이다.

팽창 속도가 느린 공간에서도 안쪽은 급팽창하고 있다. 그런 일이 있을 수 있을까? 사실 이때는 아인슈타인의 상대성이론에서 도출되는 웜 홀(시공이 어느 한 점과 다른 것을 연결하는 공간 영역)이 생겼다는 것이다.

최초에 인플레이션이 일어난 우주가 모우주. 그 속에서 웜 홀에 자우주가 생기고 그 속에 손자우주가 생긴다. 이렇게 해서 우주의 다중 발생이 일어나고 우주는 무한히 존재하게 되는 것이다.

멀티버스 이미지

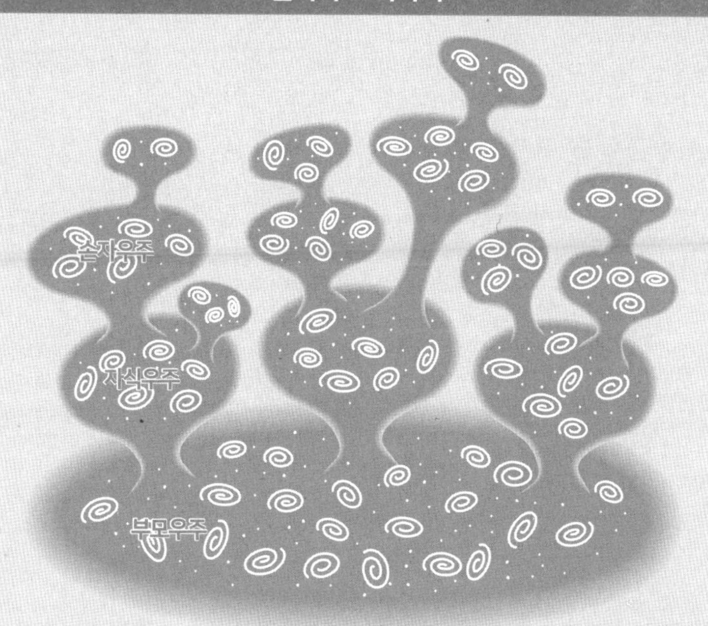

상전이에 의한 다중 발생에 의해 무한히 우주는 생겨난다. 그러나 웜 홀 속에 생긴 자식우주와 부모우주는 웜 홀이 도중에 끊어졌기 때문에 인과 관계가 없다. 다시 말해 서로의 존재조차 알지 못한다. 전혀 다른 우주인 것이다.

참고문헌

- 〈별책 뉴턴무크 우주 탄생에서 시공을 일망하는 우주도〉(뉴턴프레스)
- 〈별책 뉴턴무크 태양계의 성립 탄생부터의 1억년〉(뉴턴프레스)
- 〈별책 뉴턴무크 지구와 생명 46억년의 파노라마〉(뉴턴프레스)
- 〈우주란 이런!〉 金子隆一 감수(日本文芸社)
- 〈전부 알 수 있는 우주도감〉 渡部潤一 감수(成美堂出版)
- 〈우주의 대지도장〉 渡部潤 감수(宝島社)
- 〈지식 제로에서의 우주 입문〉渡部好恵 저, 渡部潤 감수(幻冬社)
- 〈우주 최신 정보 완전 해설〉 渡部潤 (笠倉出版)
- 〈우주는 왜 이렇게 잘 만들어졌는가〉 村山斉 저(集英社인터내셔널)
- 〈우주 로망〉 渡部潤 감수(ナツメ社)
- 〈우주의 모든 것을 알 수 있는 책〉 渡部潤 감수(ナツメ社)

잠 못들 정도로 재미있는 이야기

우주

2020. 5. 25. 초 판 1쇄 발행
2024. 5. 15. 초 판 2쇄 발행

감 수 | 와타나베 준이치(渡部 潤一)
감 역 | 이강환
옮긴이 | 김정아
펴낸이 | 이종춘
펴낸곳 | BM (주)도서출판 성안당
주소 | 04032 서울시 마포구 양화로 127 첨단빌딩 3층(출판기획 R&D 센터)
10881 경기도 파주시 문발로 112 파주 출판 문화도시(제작 및 물류)
전화 | 02) 3142-0036
031) 950-6300
팩스 | 031) 955-0510
등록 | 1973. 2. 1. 제406-2005-000046호
출판사 홈페이지 | www.cyber.co.kr
ISBN | 978-89-315-8879-8 (04080)
978-89-315-8889-7 (세트)
정가 | 9,800원

이 책을 만든 사람들
책임 | 최옥현
진행 | 김해영, 최동진
본문 · 표지 디자인 | 이대범, 박원석
홍보 | 김계향, 임진성, 김주승
국제부 | 이선민, 조혜란
마케팅 | 구본철, 차정욱, 오영일, 나진호, 강호묵
마케팅 지원 | 장상범
제작 | 김유석

■ 도서 A/S 안내

성안당에서 발행하는 모든 도서는 저자와 출판사, 그리고 독자가 함께 만들어 나갑니다.
좋은 책을 펴내기 위해 많은 노력을 기울이고 있습니다. 혹시라도 내용상의 오류나 오탈자 등이 발견되면 "좋은 책은 나라의 보배"로서 우리 모두가 함께 만들어 간다는 마음으로 연락주시기 바랍니다. 수정 보완하여 더 나은 책이 되도록 최선을 다하겠습니다.
성안당은 늘 독자 여러분들의 소중한 의견을 기다리고 있습니다. 좋은 의견을 보내주시는 분께는 성안당 쇼핑몰의 포인트(3,000포인트)를 적립해 드립니다.

잘못 만들어진 책이나 부록 등이 파손된 경우에는 교환해 드립니다.